Ciencias de la Naturaleza

6 primaria

más Savia

W0183199

Con más Savia puedes disfrutar de recursos digitales y de un entorno donde estarás en contacto con tu profesor y con tus compañeros de clase.

Entrar en smmassavia.com es fácil

Escribe en internet la siguiente dirección: smmassavia.com

Regístrate e introduce el **número de licencia** que aparece en la página de la izquierda. Solo debes registrarte una vez.

Anota tu identificador y contraseña para que puedas entrar después de haberte registrado.

Si tienes alguna duda, puedes ponerte en contacto con nuestro Centro Integral de Atención al Cliente (CIAC).

ATENCIÓN AL CLIENTE
TEL.: 902 12 13 23 / 912 080 403
clientes@grupo-sm.com
www.grupo-sm.com

sm

Así aprendes con tu libro

1 Tu libro agrupa las unidades que tienen contenidos comunes

De esta manera puedes conectar, por ejemplo, las características de los seres vivos que habitan la Tierra.

Con estas primeras actividades vas a sentir curiosidad por estos temas. Vas a darte cuenta de las cosas que ya sabes sobre ellos y de todo lo que te gustaría saber.

4 Te permite trabajar con el apoyo de tus compañeros

Habrá actividades que resolverás en **equipo** para tener más seguridad. Así, poco a poco, trabajando en **equipo** aprenderás mejor a trabajar tú solo. A esta forma de trabajar la llamamos **Aprendizaje cooperativo**.

Hemos puesto iconos en estas actividades:

- G 〉 Lo haces todo en grupo.
- I 〉 G Empiezas tú solo.
- G 〉 I Empiezas en grupo.

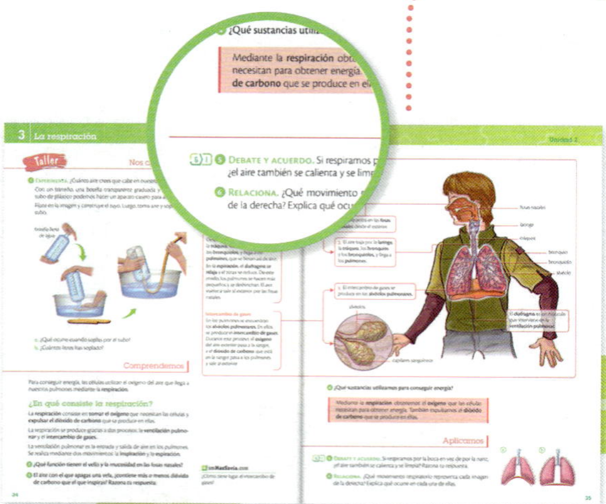

5 Ordena el aprendizaje en 4 momentos clave

Nos activamos	Comprendemos	Aplicamos	Comprobamos lo aprendido
Con actividades que despiertan tu interés y tu curiosidad.	Con textos e imágenes que te ayudan a comprender mejor.	Con actividades para que utilices lo aprendido.	Con actividades para que sepas qué has aprendido y cómo.

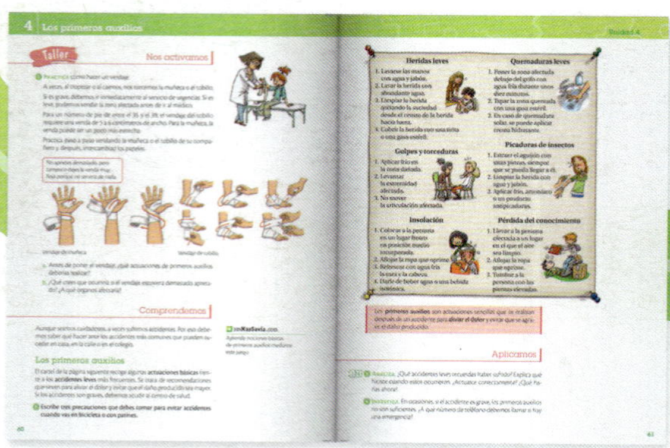

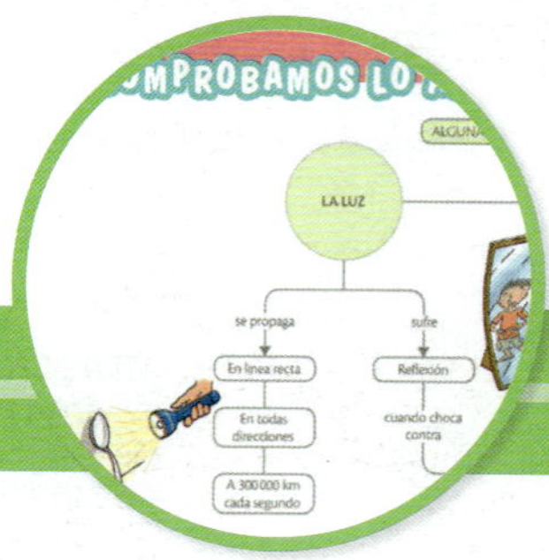

2 Te propone metas para saber para qué aprendes

Al inicio de cada grupo de unidades, sabrás qué vas a realizar al final para poner en práctica lo aprendido. Estas actividades se llaman en tu libro **Mejora tu...** Son tareas con las que podrás mejorar tu entorno.

Al comienzo de cada unidad conocerás lo que vas a aprender sobre cada tema en la **ruta de aprendizaje.**

3 Facilita la comprensión de lo que lees y lo que haces

Sabemos que aprendes de muchas maneras diferentes. Por eso, en este libro encontrarás actividades de comprensión lectora, talleres y actividades interactivas en **smMasSavia**.com.
Son actividades que te harán pensar.

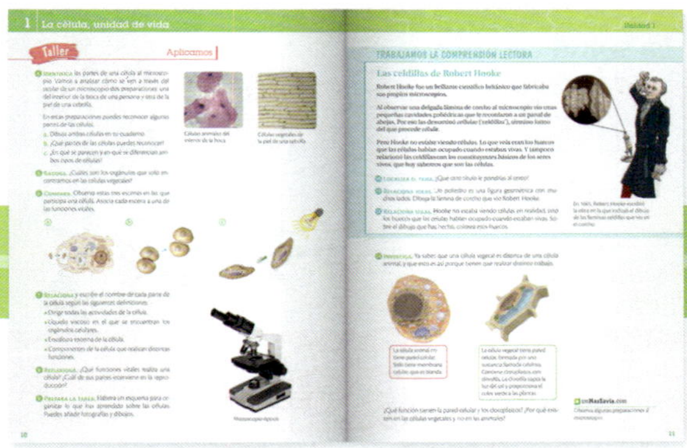

6 Te ayuda a saber cómo has aprendido

Al final de cada unidad y de la tarea, podrás reflexionar sobre:

- Qué has aprendido y cómo has aprendido mejor.
- Con quién has aprendido y cómo te has sentido.

A esto lo llamamos **metacognición**.
Sirve para que poco a poco te conozcas y cada vez puedas aprender mejor.

Índice

El ser humano y la salud

1 Empezamos

Queremos averiguar cuál de los dos pares de zapatillas se estropean menos con el uso. ¿Qué pruebas usarías para descubrirlo? Elige una opción y justifica tu elección.

- Correr con los dos pares de zapatillas durante un año.
- Usar los dos pares de zapatillas los días de lluvia.
- Ofrecerle los dos pares de zapatillas a un perro para que juegue con ellas.

2 ¡Sabes más de lo que crees!

Ahora vamos a comprobar lo que sabes sobre el cuerpo humano. ¿Qué aparatos intervienen en la nutrición? ¿Cómo cuidas tus órganos de los sentidos?

3 Sigue haciéndote preguntas

- ¿Qué le contestarías al reportero? ¿Por qué?
- ¿A qué crees que se refiere el búho?
- ¿Cuál de las dos hermanas crees que tiene sus órganos efectores más en forma: Ana o Inés? ¿Por qué?
- ¿Qué más te gustaría saber sobre el cuerpo humano?

TAREA FINAL

Mejora tu salud

Al final del bloque te convertirás en actor y ayudarás a otras personas a entender lo que se siente cuando se está enfermo.

1 La relación

Conocer las funciones vitales en el ser humano.

¿Qué tenemos en común todos los seres vivos?

Conocer la función de relación y el sistema nervioso.

¿Qué sientes cuando tienes hambre? ¿Qué le ocurre a tu cuerpo cuando te asustas?

Conocer e identificar los órganos receptores.

¿Percibes bien los sabores de la comida cuando tienes un resfriado?

Conocer e identificar los órganos efectores.

¿Podrías caminar si no tuvieras huesos? ¿Y músculos?

smMasSavia.com

Lo que ya sé.

Taller — Nos activamos

A Esther le han regalado por su cumpleaños un perro robot. ¿Podrá jugar el robot con su perra Nuca?

1 **Opina.** ¿Por qué Esther y su perra Nuca van abrigadas y el perro robot no?

Comprendemos

A diferencia del perro robot, tanto Esther como su perra Nuca son seres vivos. Por tanto, realizan las funciones vitales de **nutrición**, **relación** y **reproducción**.

El ser humano y la nutrición

Para que podamos realizar la **función de nutrición** es necesario que intervengan los siguientes aparatos de nuestro cuerpo:

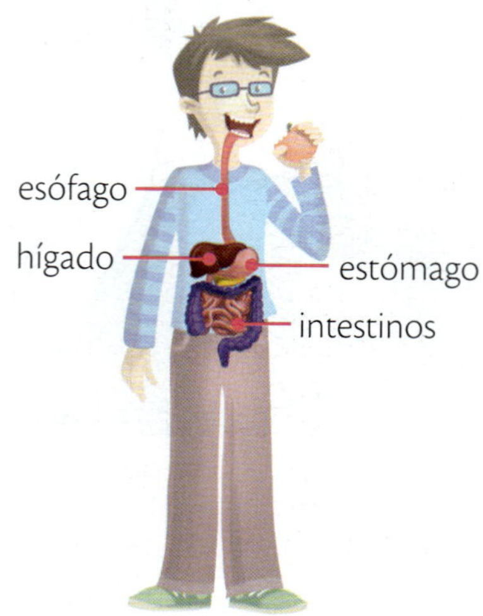

El **aparato digestivo** transforma los alimentos en sustancias sencillas que el organismo puede aprovechar.

El ser humano y la relación

La **función de relación** nos permite captar lo que ocurre a nuestro alrededor y reaccionar ante esta información. Para poder realizarla intervienen los órganos de los sentidos, el sistema nervioso y el aparato locomotor:

Los **órganos de los sentidos** reciben información del exterior.

El **sistema nervioso** recoge la información y elabora una respuesta.

El **aparato locomotor** ejecuta la respuesta y nos permite movernos.

El ser humano y la reproducción

Los seres humanos somos **vivíparos**. En la función de reproducción interviene el aparato reproductor. Los aparatos reproductores de los hombres y las mujeres son distintos.

vivíparos: seres vivos que nacen del vientre de su madre.

Las personas somos seres vivos y realizamos las funciones vitales de **nutrición**, **relación** y **reproducción**.

Aplicamos

I G **2** **Elabora una hipótesis.** ¿Qué crees que pasaría si los seres humanos no lleváramos a cabo alguna de las tres funciones vitales?

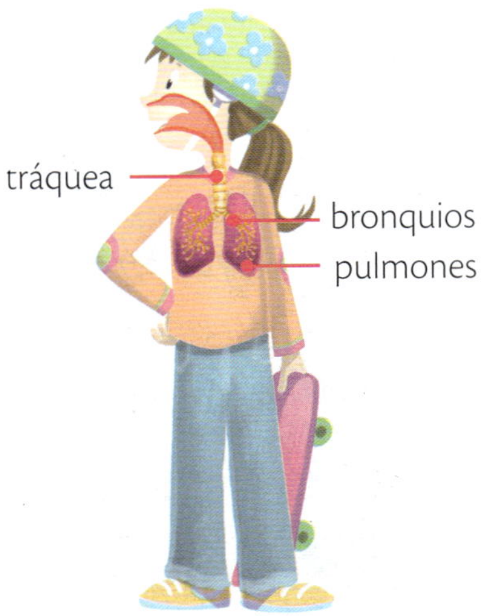

El **aparato respiratorio** toma del aire el oxígeno que necesitamos y expulsa el dióxido de carbono.

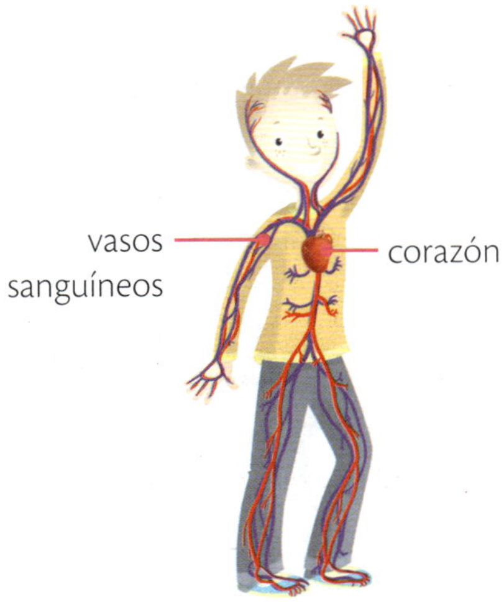

El **aparato circulatorio** transporta el oxígeno y los nutrientes por el cuerpo y recoge las sustancias de desecho.

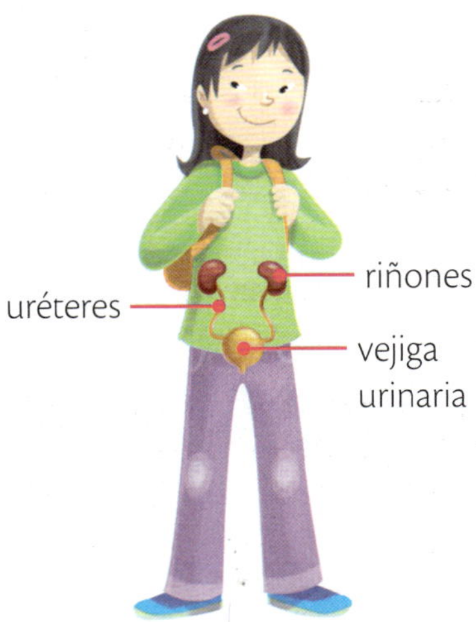

El **aparato excretor** se encarga de limpiar la sangre de sustancias de desecho.

Taller

Nos activamos

1 **Pon a prueba** tus sentidos.

a. Cierra los ojos y guarda silencio durante medio minuto. ¿Qué sonidos percibes? Anótalos.

b. Abre los ojos y localiza de dónde proceden los sonidos.

Comprendemos

Además de los sonidos, estamos continuamente recibiendo **información** del mundo que nos rodea.

La relación con nuestro entorno

La **función de relación** es la capacidad de **percibir estímulos** o **cambios** que ocurren a nuestro alrededor, y de **elaborar respuestas**.

Mediante esta función somos capaces de **controlar** y **coordinar** todas las actividades corporales. Fíjate en qué consiste la función de relación:

Estímulo-sensación

Un **estímulo** nos provoca una **sensación**. Por ejemplo, baja la temperatura y tenemos frío.

Procesado de la información

El cerebro interpreta la sensación y elabora una **orden**. Por ejemplo, abrigarse.

Respuesta

La orden se traduce en una **acción** con la cual nos adaptamos al cambio. Por ejemplo, nos abrigamos.

Los estímulos

Existen dos tipos de estímulos: **externos** e **internos**.

- Los **estímulos externos** son los cambios que ocurren en el exterior. Los **órganos receptores** que captan estos estímulos son los **órganos de los sentidos**. Un ejemplo de estímulo externo es un ruido inesperado, que hace que nos giremos hacia donde se ha producido el ruido.
- Los **estímulos internos** son los cambios que ocurren en el **interior del organismo**. Los **órganos receptores** que captan estos estímulos están en el **interior** del **cuerpo**. Por ejemplo, la falta de agua nos provoca la sensación de sed y nos hace beber.

smMasSavia.com

¿Sabes en qué consiste la función de relación? Juega y demuéstralo.

2 ¿La sensación de picor es debida a un estímulo interno o externo?

Las respuestas

Ante un estímulo interno o externo nuestro cerebro elabora una orden, que se traduce en una respuesta que realizan unos órganos llamados **órganos efectores**, como los músculos.

Existen dos tipos de respuestas: **motoras** y **glandulares**.

Respuesta motora

Las **respuestas motoras** consisten en los movimientos de los **músculos**. Por ejemplo, cuando queremos coger el balón, estiramos los brazos para atraparlo.

Respuesta glandular

Las **respuestas glandulares** consisten en la **producción de ciertas sustancias** por medio de las glándulas. Por ejemplo, cuando tenemos calor, sudamos.

> La función de relación consiste en **percibir estímulos, procesar la información** y **producir respuestas**.

Aplicamos

G I **3** **INVENTA** con tu compañero una respuesta para cada uno de los siguientes estímulos:

sueño · dolor de cabeza · lluvia · agujetas · calor

Taller

Nos activamos

Con los ojos cerrados, mete la mano en el estuche e intenta sacar un lápiz de color rojo. ¿Lo has logrado?

1 **PREGÚNTATE.** El tacto te ayuda a diferenciar un lápiz de un bolígrafo, pero ¿por qué no te da información sobre el color?

Comprendemos

Captamos los estímulos **externos** mediante los **órganos de los sentidos**, cada uno de los cuales aporta un tipo de información diferente.

Los órganos de los sentidos

El ser humano tiene **cinco sentidos: olfato**, **gusto**, **tacto**, **vista** y **oído**.

Sentido del olfato

Los receptores del olfato se encuentran en la **cavidad nasal**, en una zona que se llama **pituitaria**. Estos receptores son los encargados de enviar la información al cerebro.

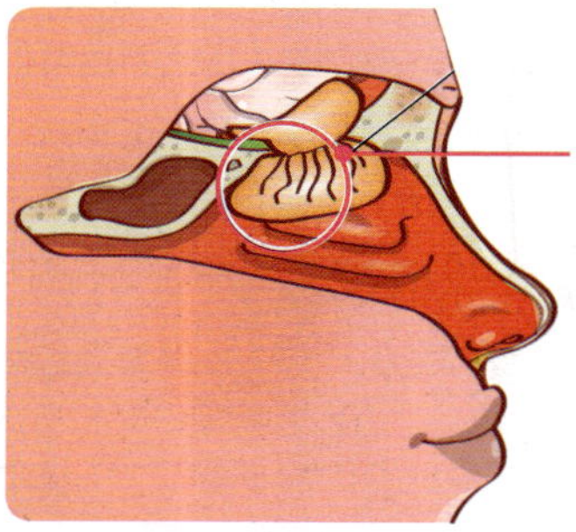

Sentido del gusto

Los receptores del gusto se encuentran en la **lengua**, en unos bultitos que se llaman **papilas gustativas**. Cada zona de la superficie de la lengua es sensible a un **sabor**.

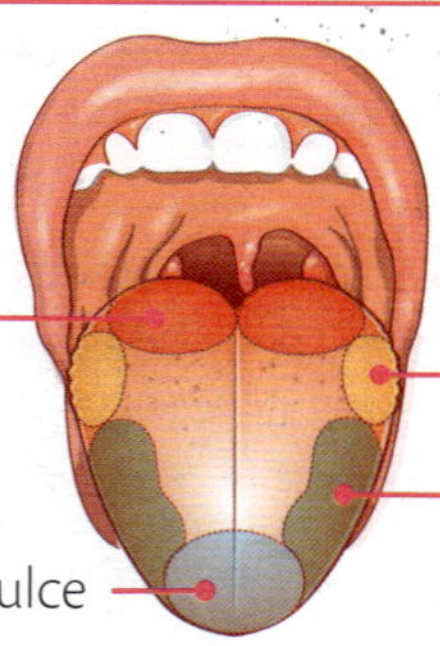

Sentido del tacto

Los receptores del tacto se encuentran en la **dermis**. Estos receptores captan la temperatura, la presión, el dolor y la textura de los objetos; es decir, si son lisos o rugosos.

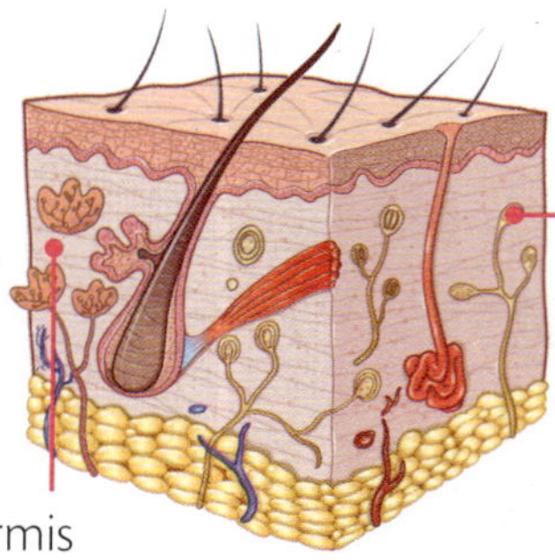

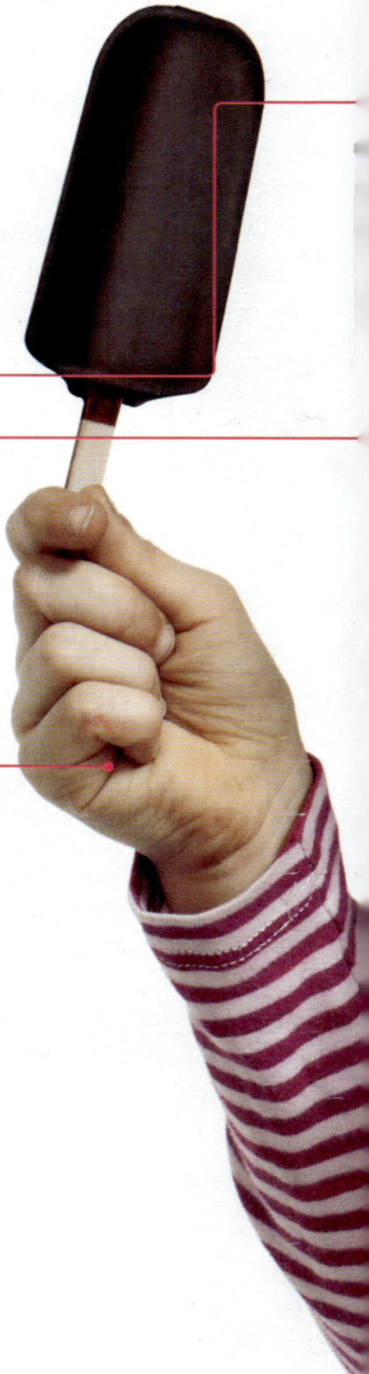

Sentido de la vista

Está en el **ojo**, que recoge los estímulos luminosos. La luz entra en el ojo por la **pupila**, atraviesa el **cristalino**, llega a la **retina** y esta transmite los estímulos al cerebro a través del **nervio óptico**.

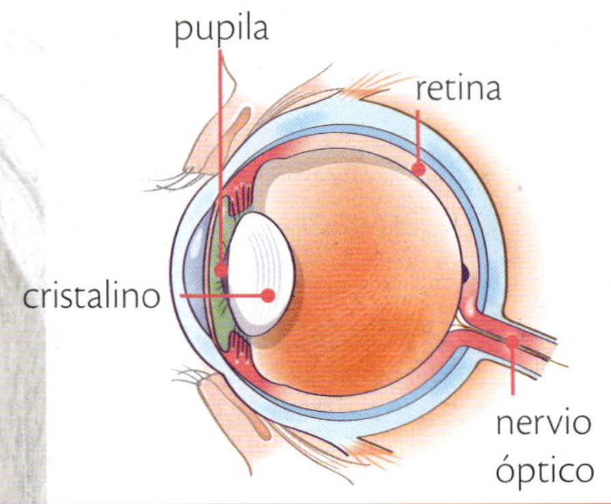

Sentido del oído

Está en el **oído**. Recoge estímulos sonoros. Desde la **oreja**, los sonidos recorren el **conducto auditivo**, llegan al **tímpano**, pasan por la **cadena de huesecillos** y llegan al **caracol** y al **nervio auditivo**, que los lleva al cerebro.

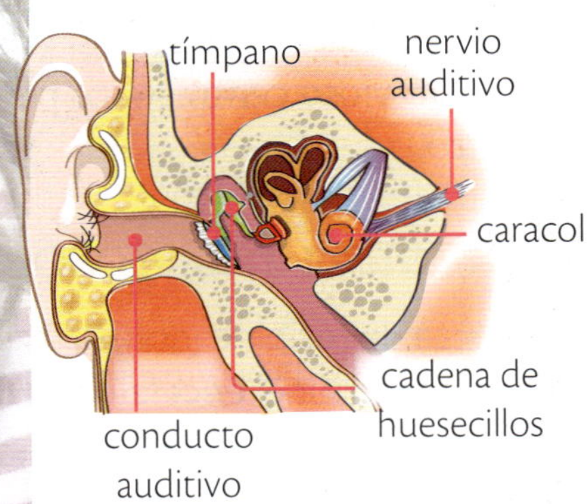

Los **órganos de los sentidos** captan los estímulos del **exterior** de nuestro cuerpo.

Aplicamos

2 **CONSTRUYE** una línea del tiempo con el recorrido del sonido a través del oído.

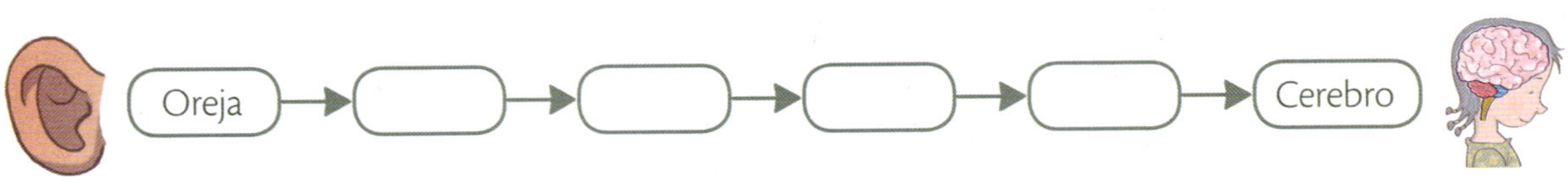

Nos activamos

1 **ELABORA UNA HIPÓTESIS.** ¿Por qué retiramos la mano sin pensarlo cuando nos pinchamos con un cactus?

Comprendemos

El sistema nervioso ha recibido la información del pinchazo captada por la piel y ha enviado la orden de retirar rápidamente la mano.

Las funciones del sistema nervioso

El **sistema nervioso** transmite las órdenes a todo el organismo a través de unas señales llamadas **impulsos nerviosos**. Mediante estos impulsos, nuestro sistema nervioso realiza distintas funciones:

- **Transmite la información** que captan los órganos de los sentidos.
- **Interpreta y procesa la información** que le llega desde los sentidos y elabora órdenes.
- **Transmite las órdenes** hasta los órganos efectores.
- **Controla** el funcionamiento de órganos vitales, como el latido del corazón.

En el sistema nervioso distinguimos los **centros nerviosos**, que forman el **sistema nervioso central**, y los **nervios**, que forman el **sistema nervioso periférico**.

El sistema nervioso interviene en el razonamiento, el aprendizaje, la memoria y los sentimientos. ¡Qué importante es!

smMasSavia.com

¿Conoces el sistema nervioso central? Juega y demuéstralo.

El sistema nervioso central

Se encarga de recibir e interpretar la información y de elaborar órdenes. Está formado por el **encéfalo** y la **médula espinal**.

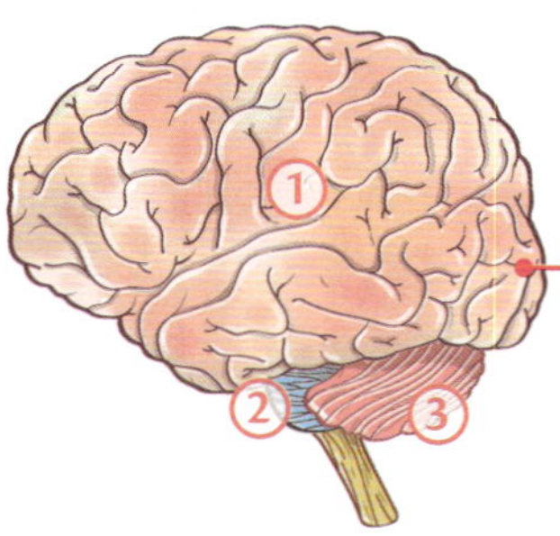

El **encéfalo** se encuentra dentro del **cráneo**. Tiene tres partes: el **cerebro**, el **cerebelo** y el **bulbo raquídeo**.

La **médula espinal** elabora las respuestas automáticas y rápidas.

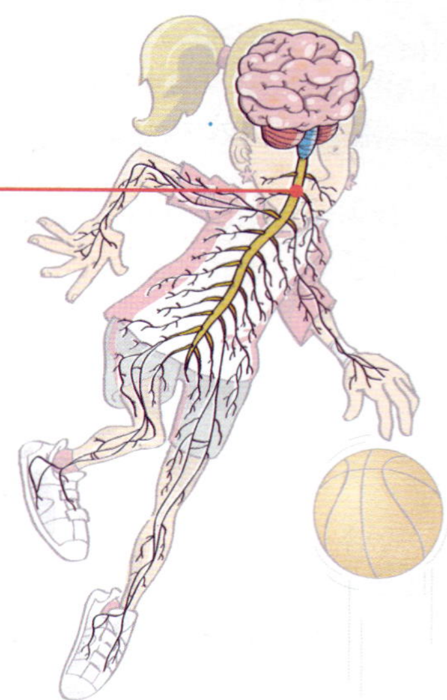

1. El **cerebro** elabora las **respuestas voluntarias**. Influye en el pensamiento, la memoria y el lenguaje.
2. El **cerebelo** interviene en el equilibrio y la coordinación de movimientos.
3. El **bulbo raquídeo** controla el funcionamiento de los órganos vitales, como el latido del corazón.

El sistema nervioso periférico

Está formado por un conjunto de **nervios** que recorren todo el organismo y se encargan de transmitir la información. Existen dos tipos de nervios:

- Los **nervios sensitivos**, que transmiten la información desde los órganos de los sentidos y los órganos internos al sistema nervioso central.
- Los **nervios motores**, que transmiten las órdenes desde el sistema nervioso central a los músculos y las glándulas.

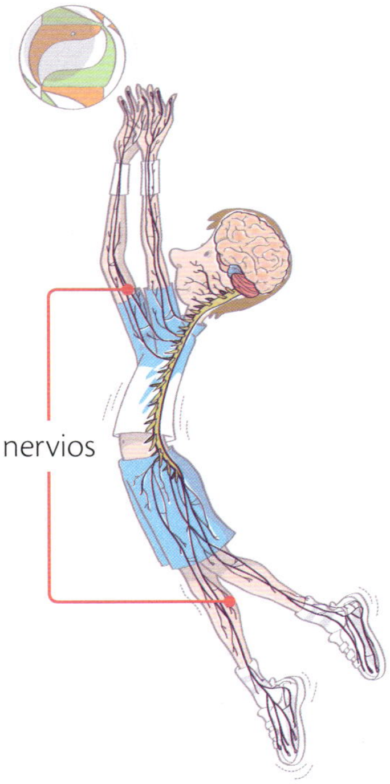

2 ¿Cuál es la función de los nervios?

Movimientos involuntarios y voluntarios

Ante un estímulo, el sistema nervioso central reacciona con una orden que puede provocar **movimientos involuntarios** o **movimientos voluntarios**.

Movimientos involuntarios

En los **movimientos involuntarios** interviene la médula espinal, que origina respuestas automáticas y rápidas.

Movimientos voluntarios

Los **movimientos voluntarios** se producen por la acción del cerebro, que origina respuestas más lentas que las involuntarias.

- El sistema nervioso recoge **información**, **elabora respuestas** y **transmite órdenes**.
- El sistema nervioso se divide en **sistema nervioso central** y **sistema nervioso periférico**.

Aplicamos

3 **DEDUCE.** ¿En qué se diferencian los movimientos voluntarios de los movimientos involuntarios?

4 **PREGÚNTATE** qué pasaría si cogieras con la mano una taza muy caliente. Explica el recorrido de la información, el recorrido de la orden y el recorrido de la respuesta.

Nos activamos

1 **CONSTRUYE UN MODELO.** Coge varios cartones, encuadernadores y gomas. Construye este modelo del brazo.

a. Dibuja los huesos en los cartones.

b. ¿Qué función tienen las gomas? ¿Qué parte del aparato locomotor representan las gomas? Piensa una respuesta con tu equipo.

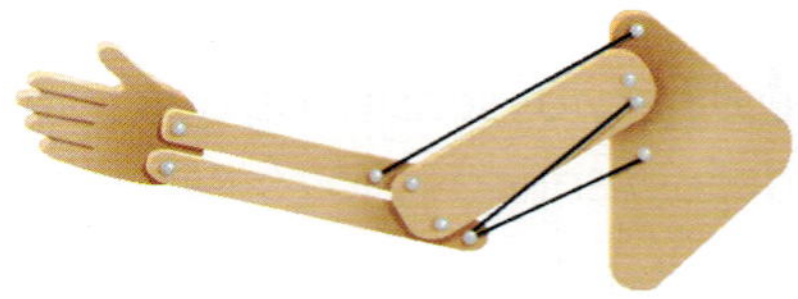

Comprendemos

Los músculos y los huesos son **órganos efectores**. Gracias a ellos podemos ejecutar las órdenes que ha elaborado el sistema nervioso.

Tipos de respuestas

Cuando nuestros **órganos receptores** perciben **estímulos**, el **sistema nervioso** reacciona y elabora la **orden** más adecuada. Esta orden se convierte en una **respuesta** que ejecutan los **órganos efectores**.

Los órganos efectores pueden realizar dos tipos de respuestas:

- **Movimientos**, como cuando retiramos la mano al tocar algo caliente. En este caso, los órganos efectores pertenecen al **aparato locomotor**.
- **Producción de sustancias**, como el sudor. En este caso, los órganos efectores son las **glándulas**.

Para que no se dañen los huesos, los extremos están protegidos por los **cartílagos**, que son más flexibles.

El aparato locomotor

El aparato locomotor está formado por el **esqueleto**, los **músculos** y los **elementos que los unen**.

- El **esqueleto** es el conjunto de huesos que da forma al cuerpo y protege los órganos internos. Las zonas de unión de los huesos se llaman **articulaciones**.
- Los **músculos** son órganos capaces de contraerse y estirarse para mover los huesos. Los **tendones** unen los huesos con los músculos.

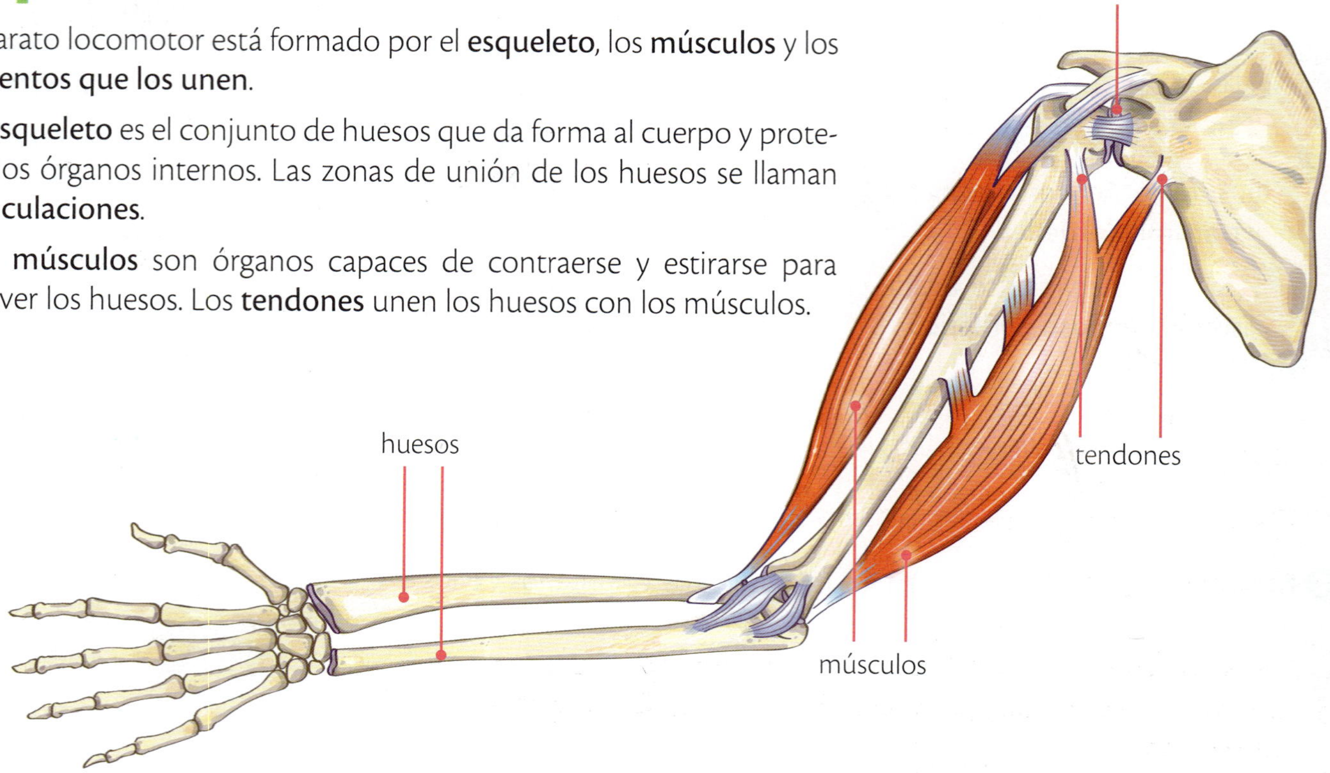

Principales huesos del cuerpo | **Principales músculos del cuerpo**

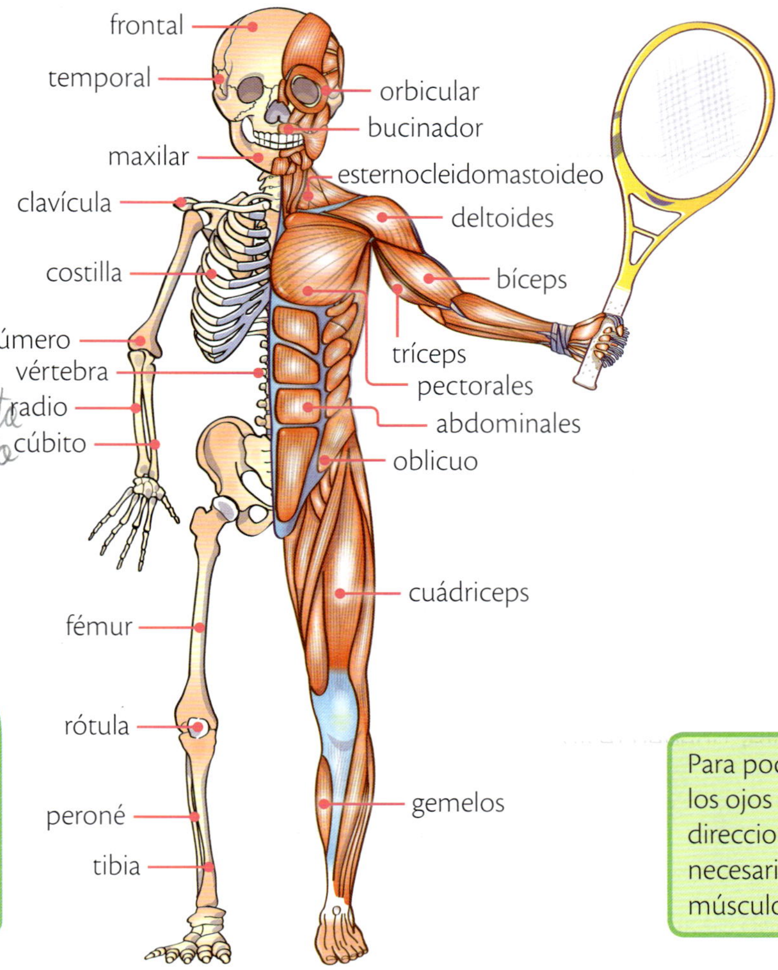

El hueso más pequeño del cuerpo humano es el estribo. Este hueso se encuentra en el oído.

Para poder mover los ojos en todas direcciones son necesarios seis músculos.

Tipos de articulaciones

Las articulaciones pueden ser:

- **Fijas**, como las de los huesos del cráneo, que no se mueven.
- **Semimóviles**, como las de los huesos que forman la columna vertebral, que tienen un movimiento limitado.
- **Móviles**, como la articulación del hombro, que tiene gran capacidad de movimiento.

En las articulaciones semimóviles y móviles, los huesos están sujetos por unos cordones fibrosos, los **ligamentos**.

2 **¿Qué tres tipos de articulaciones existen?**

3 **¿Qué es un ligamento?**

Los **órganos efectores** se encargan de **ejecutar** las **respuestas**. Las respuestas pueden ser **movimientos** o la **elaboración** de **sustancias**.

Aplicamos

4 Explica qué es un órgano efector. Indica en tu cuaderno cuáles de los siguientes términos corresponden a órganos efectores.

A. Ojo

B. Hígado

C. Fémur

D. Papilas gustativas

5 Identifica. Copia la imagen en tu cuaderno y señala las siguientes partes del aparato locomotor.

hueso | músculo | articulación | tendón

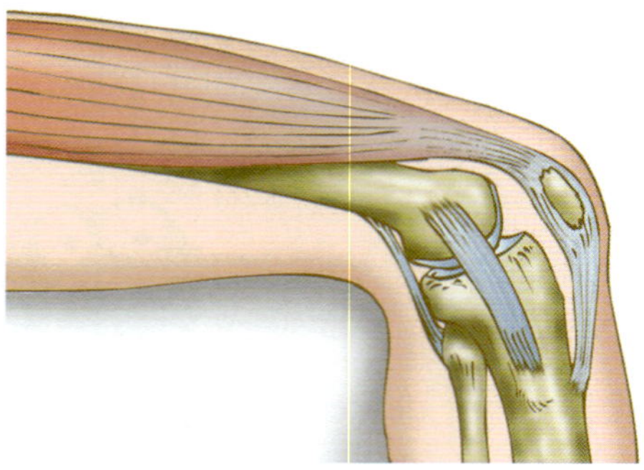

6 Deduce. ¿Qué tipo de articulación forman los huesos de la columna vertebral? Explica tu respuesta.

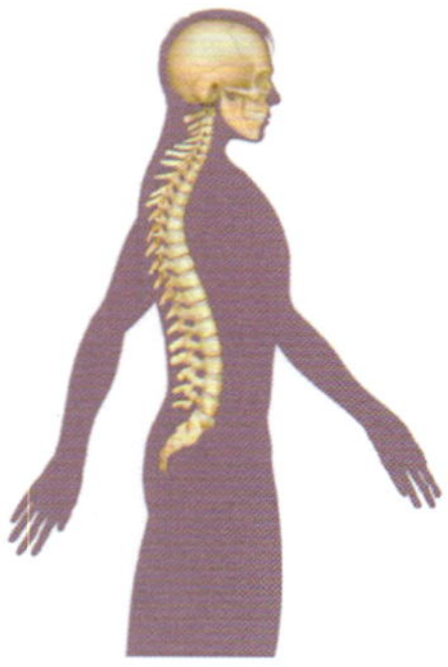

7 Indica en qué parte del cuerpo están los músculos esternocleidomastoideo, cuádriceps, deltoides y tríceps.

8 Compara. ¿En qué se diferencian los tendones de los ligamentos?

9 Razona. Los tendones son flexibles, pero no son elásticos. Busca en el diccionario la diferencia entre los términos "flexible" y "elástico" y explica por qué es importante que los tendones tengan esa característica.

10 Nombra los huesos del cuerpo humano señalados en la figura del esqueleto.

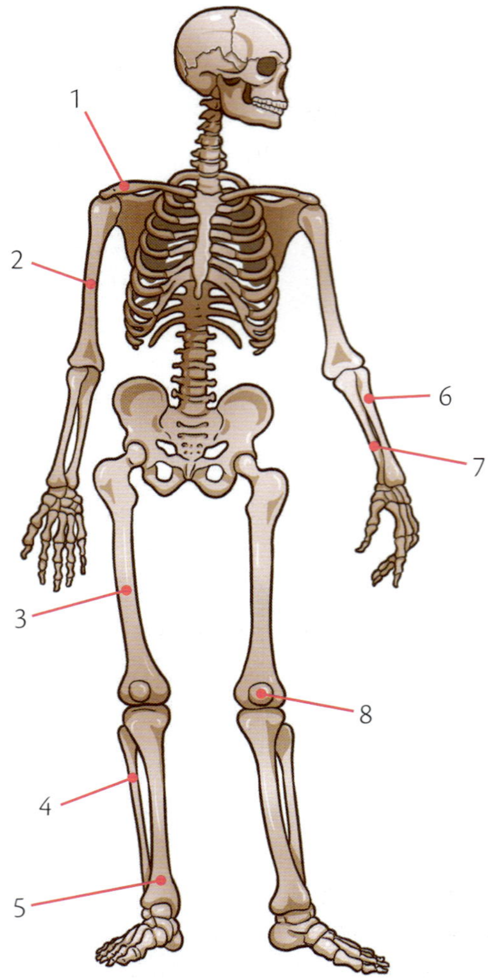

11 Relaciona. Un ingeniero se ha inspirado en nuestras extremidades y ha diseñado un brazo para su nuevo robot.

Copia en tu cuaderno el dibujo del brazo del robot y relaciónalo con las siguientes partes de nuestro cuerpo: brazo, antebrazo, muñeca, mano, dedos, codo y hombro.

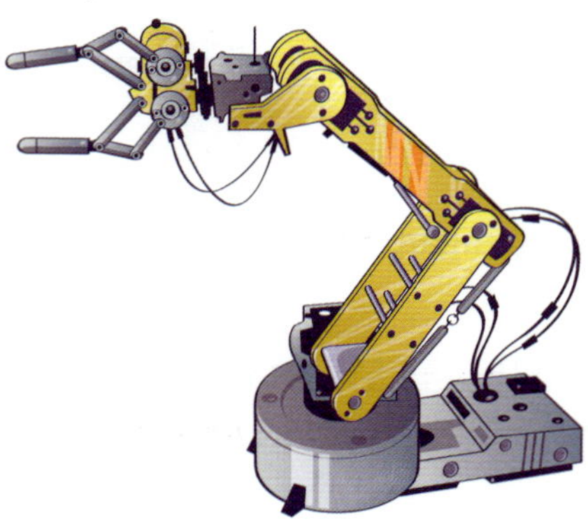

Taller

12 **EXPERIMENTA.** Realizar ejercicio físico ayuda a que nuestro cuerpo esté sano. Para conocer nuestro estado físico existen pruebas que miden la resistencia, la flexibilidad, la fuerza y la velocidad. Con este test podrás medir la velocidad de tus brazos.

- **Paso 1.** Mide la velocidad de tus brazos. Toca 25 veces cada círculo alternativamente, como en la imagen. Hazlo lo más rápido que puedas. Un compañero medirá el tiempo y verá cuánto tardas. Después, intercambiad vuestros papeles en la prueba.

- **Paso 2.** Haz una encuesta a tus compañeros sobre cuánto han tardado. Copia y completa esta tabla y recoge la información. ¿Cuál es el resultado más frecuente en tu clase?

	Menos de 9 segundos	Entre 10 y 12 segundos	Entre 13 y 15 segundos	Más de 16 segundos
Número de compañeros	◆◆◆	◆◆◆	◆◆◆	◆◆◆

- **Paso 3.** Dibuja esta prueba y, a continuación, marca el recorrido de la información: estímulo-elaboración de la orden-respuesta. Indica qué órganos intervienen. ¿Qué tipo de movimientos has realizado?

TRABAJAMOS LA COMPRENSIÓN LECTORA

Aunque suene a ciencia ficción, los exoesqueletos robóticos son ya una realidad. Un exoesqueleto, como su nombre indica, es una estructura externa que puede usarse para sostener el cuerpo, ya sea para ayudar a una persona a recuperarse de una lesión o para mejorar sus capacidades biológicas, como la fuerza o la resistencia.

Estos exoesqueletos están impulsados por un sistema de motores eléctricos. Algunos pueden conectarse incluso al sistema nervioso mediante sensores. Ello le permitiría a la persona moverse de forma natural sin ayuda adicional.

13 **LOCALIZA EL TEMA.** ¿De qué trata este texto?

A. Las partes de las que se compone un submarino.

B. De los exoesqueletos y su realidad.

C. De los exoesqueletos y la ciencia ficción.

14 **FÍJATE EN LO QUE DICE EL TEXTO.** ¿Crees que se podría diseñar un exoesqueleto que aumentara la fuerza de quien lo lleva puesto o que le permitiera volar como un superhéroe?

COMPROBAMOS LO APRENDIDO

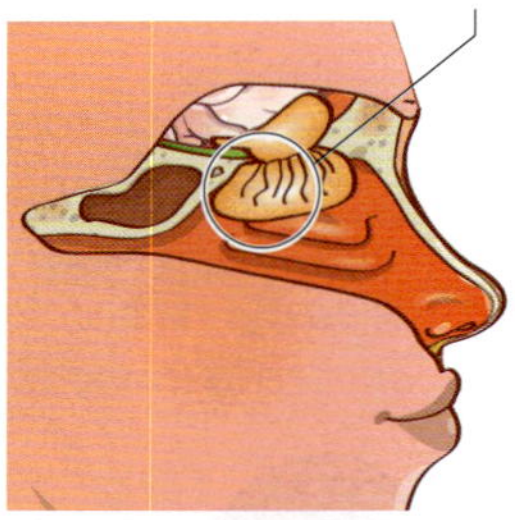

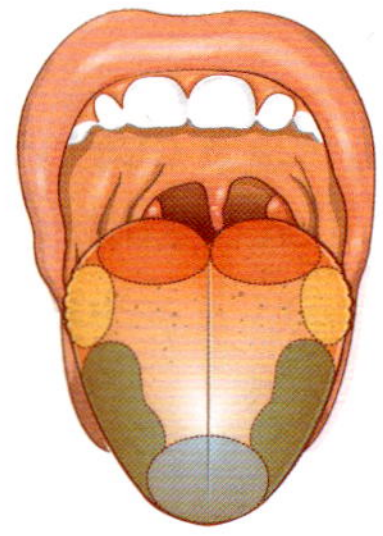

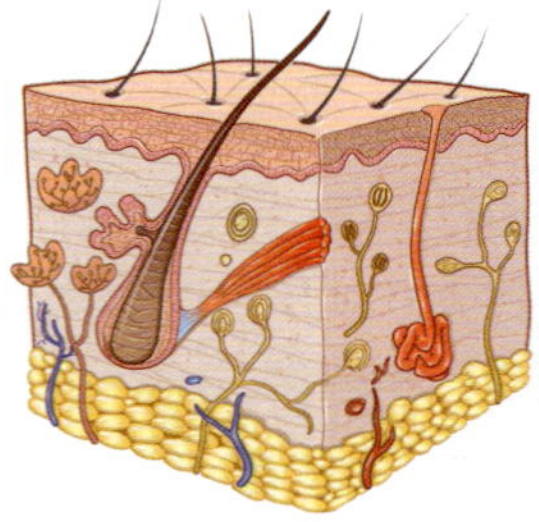

Fosas nasales

Lengua

Piel

LAS FUNCIONES VITALES

- RELACIÓN — en la que intervienen → SISTEMA NERVIOSO
  - ÓRGANOS DE LOS SENTIDOS — son → Fosas nasales, Lengua, Piel
  - ÓRGANOS DE LOS SENTIDOS — captan estímulos y envían información al → SISTEMA NERVIOSO
  - SISTEMA NERVIOSO — se divide en
  - SISTEMA NERVIOSO — envía órdenes a los → ÓRGANOS EFECTORES
  - ÓRGANOS EFECTORES — son → Aparato locomotor, Glándulas
- NUTRICIÓN
- REPRODUCCIÓN

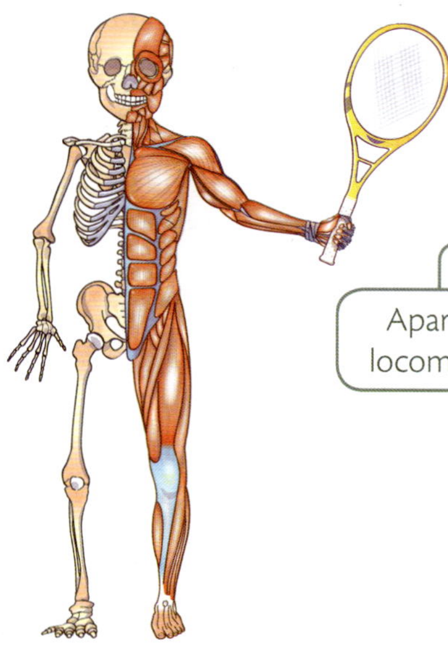

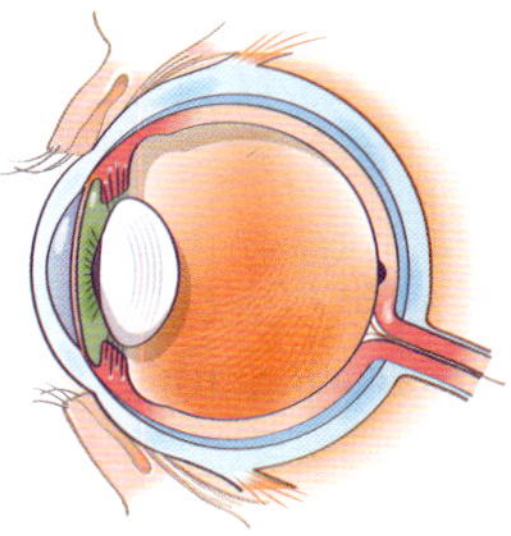

Ojo

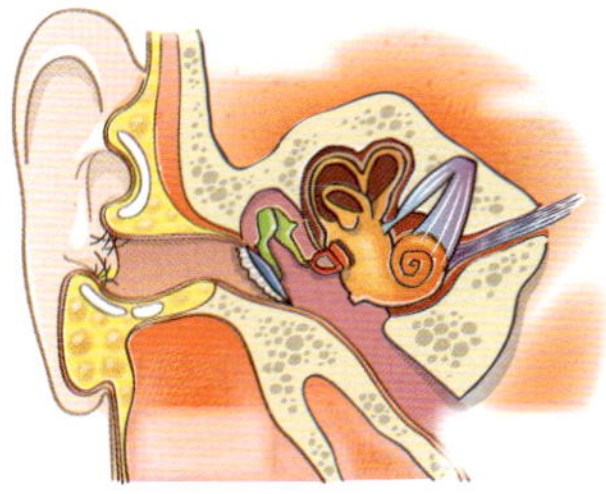

Oído

Sistema nervioso central — formado por — Médula espinal / Encéfalo

Sistema nervioso periférico — formado por — Nervios sensitivos / Nervios motores

1. **Completa** el esquema en tu cuaderno añadiendo los tipos de respuesta.

2. **Define** con tus propias palabras los términos que aparecen a continuación.

   estímulo   respuesta

3. **Escribe una oración que explique** qué son los estímulos externos. Por algún ejemplo.

4. **Prepara la tarea.** ¿Te has roto algún hueso? Haz una lista de problemas relacionados con los órganos receptores o efectores por los que hayas tenido que ir al médico. Escribe qué síntomas tenías y cómo te curaste. Si no te acuerdas, pregunta a tus padres

5. **Clasifica** cada una de las imágenes. ¿Se trata de un movimiento voluntario o de un movimiento involuntario? Explica las diferencias.

a

b

Mi diario

1. ¿Qué es lo que más me ha gustado aprender sobre la relación? ¿Para qué es importante saberlo?
2. Aprendo mejor en clase cuando... porque...
3. No me gusta mucho cuando en clase...

smMasSavia.com | Autoevaluación.

2

La nutrición

En esta unidad, vamos a:

Conocer el proceso digestivo.

¿Para qué comemos?

¿Lo que más te gusta es lo que te alimenta más?

Comprender la importancia de la respiración, la circulación y la excreción.

¿Para qué respiramos? ¿Cuántas pulsaciones tienes?

¿Qué sustancias de desecho eliminamos? ¿De dónde proceden?

smMasSavia.com

Lo que ya sé.

Nos activamos

1 **INTERPRETA.** Los seres humanos crecemos hasta que tenemos entre dieciocho y veintidós años.

a. ¿Cómo lo logramos?

b. ¿Engordan nuestras células o se multiplican?

Comprendemos

Para crecer, jugar, estudiar y hacer todas las actividades diarias, incluso para dormir, nuestro cuerpo necesita **nutrientes** y **energía.**

Los alimentos contienen todos los nutrientes necesarios para que nuestro cuerpo funcione y se desarrolle.

Los nutrientes y la energía que el organismo precisa se obtienen gracias a una función vital: la **función de nutrición.**

La función de nutrición

En la función de nutrición tienen lugar distintos procesos:

- Nuestro organismo toma el **oxígeno** del aire y transforma los alimentos que consumimos en sustancias más sencillas, llamadas **nutrientes.**
- En las **células**, el oxígeno y los nutrientes proporcionan **energía** para que nuestro organismo pueda realizar todas las funciones vitales.
- El oxígeno y los nutrientes también se transforman en **materia**, necesaria para que las células puedan reproducirse y renovarse. Durante todo este proceso, se producen **sustancias de desecho** que el cuerpo expulsa al exterior.

2 **¿Qué obtiene nuestro cuerpo a partir del oxígeno y los nutrientes que tomamos?**

Aparatos que intervienen en la nutrición

Cuatro aparatos que trabajan juntos

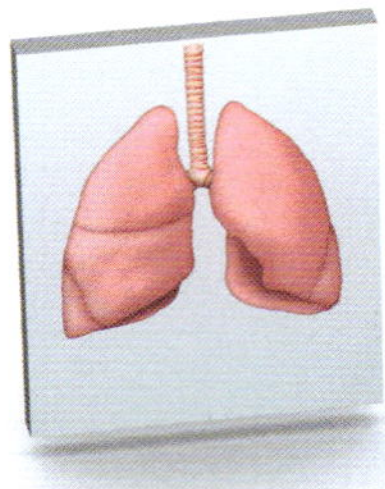

El **aparato respiratorio** toma el **oxígeno** del aire a través de los pulmones y expulsa al exterior el **dióxido de carbono**, que es un desecho que se produce en todas las células.

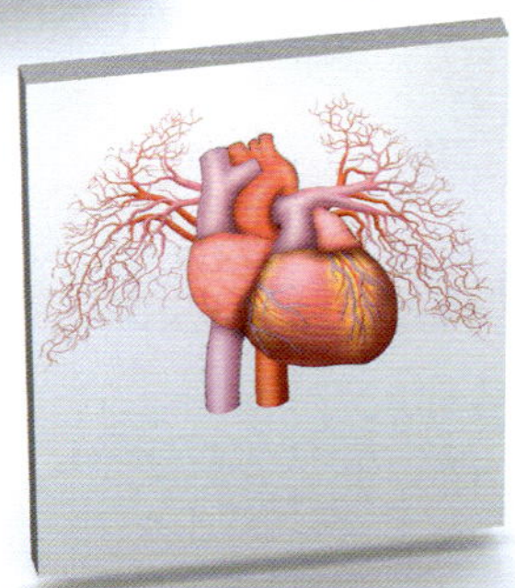

El **aparato circulatorio** lleva los **nutrientes** y el **oxígeno** a las células. También transporta los desechos que estas generan para eliminarlos.

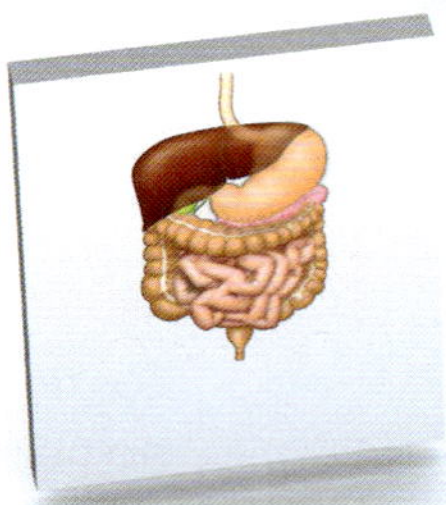

El **aparato digestivo** transforma los alimentos en nutrientes y expulsa los residuos en forma de **heces**.

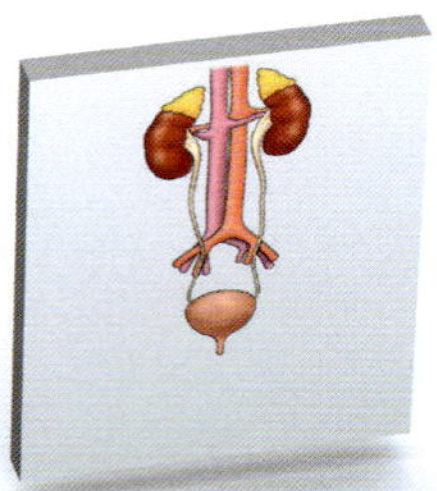

El **aparato excretor** está formado por el sistema urinario y las glándulas sudoríparas. Se encarga de eliminar los desechos producidos por las células. Los mezcla con agua para generar la **orina** y el **sudor**.

En la función de nutrición intervienen **cuatro aparatos**. Cada uno de estos aparatos realiza una tarea.

3 **Explica cómo se relacionan los cuatro aparatos que intervienen en la nutrición.**

- Necesitamos **nutrientes** y **energía** para crecer y realizar todas nuestras actividades diarias. Los obtenemos mediante la **función** de **nutrición**.
- Los aparatos **digestivo**, **respiratorio**, **circulatorio** y **excretor** intervienen en la **nutrición**.

Aplicamos

4 **¿QUÉ PASARÍA SI** en la nutrición fallara alguno de estos aparatos?

a. Aparato excretor

b. Aparato respiratorio

Nos activamos

1 EXPERIMENTA. Muerde una manzana.

a. ¿Qué dientes utilizas?

b. ¿Qué sabores notas?

c. ¿Qué ocurre al tragar?

2 EMITE HIPÓTESIS. ¿Dónde empieza la digestión?

- En el estómago.
- En la boca.
- En el intestino.

Comprendemos

En su viaje por el aparato digestivo, los alimentos se transforman y se descomponen en sustancias más sencillas.

De esta forma, nuestro cuerpo puede obtener de los alimentos la parte que necesita; es decir, los nutrientes.

Además, en este proceso el organismo se deshace de la parte que no necesita y la expulsa.

¿Qué es el proceso digestivo?

En el proceso digestivo distinguimos las siguientes fases: **digestión**, **absorción** y **salida de los desechos.**

- La **digestión** es el conjunto de cambios que sufren los alimentos a lo largo del aparato digestivo hasta que se transforman en nutrientes.

  En la digestión hay un **proceso mecánico** y otro químico. En el mecánico, los alimentos son troceados y triturados en la boca al masticar.

  En el **proceso químico**, nuestro cuerpo fabrica jugos, como el jugo pancreático, que se añaden a los alimentos y los convierten en otras sustancias.

- La **absorción** es el paso de los nutrientes a la sangre.
- La **salida de los desechos** es la preparación y la expulsión de la parte de los alimentos que nuestro cuerpo no necesita.

3 ¿Cuál es el objetivo de la digestión?

El viaje de los alimentos

La digestión

Comienza en la boca. Los dientes trituran los alimentos y la lengua los mezcla con la saliva que procede de las **glándulas salivales**. Esta mezcla se llama **bolo alimenticio**.

En el estómago el bolo se mezcla con los jugos gástricos que produce este órgano y se forma una pasta, el **quimo**.

El quimo llega al intestino delgado. Allí se mezcla con jugos que proceden del páncreas y del hígado (la bilis) y se transforma en el **quilo**.

La absorción

Los nutrientes del quilo pasan a la sangre a través de los capilares sanguíneos que se encuentran en las **vellosidades** de las paredes del intestino delgado.

La salida de los desechos

Los restos de los alimentos que el cuerpo no necesita siguen su recorrido por el intestino delgado y pasan al intestino grueso. Allí se transforman en **heces** y son expulsados al exterior por el ano.

1. El **bolo alimenticio** se forma en la **boca**.

2. La **faringe** y el **esófago** llevan el bolo alimenticio al **estómago**.

3. El **quimo** se forma en el **estómago** gracias a los jugos gástricos.

4. El quimo se transforma en el **quilo** en el **intestino delgado**.
Los nutrientes del quilo llegan a los capilares sanguíneos a través de las **vellosidades intestinales**.

5. Las **heces** se forman en el intestino grueso y salen al exterior a través del **ano**.

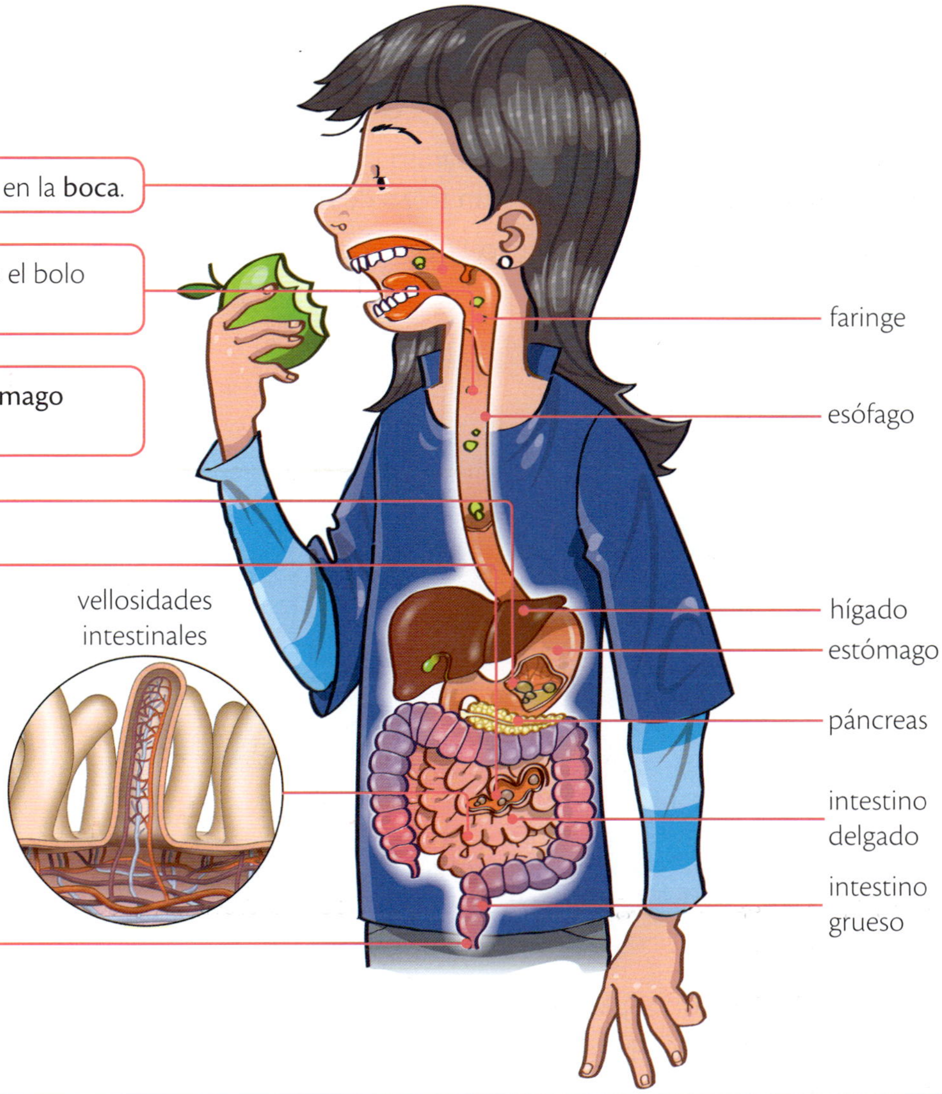

4 **Indica en qué órganos del aparato digestivo se producen la bilis, los jugos gástricos y los jugos pancreáticos.**

smMasSavia.com
¿Cuál es la función de cada órgano?

El proceso digestivo se divide en tres fases: **digestión**, **absorción** y **salida de los desechos**.

Aplicamos

5 **CONSTRUYE** una línea del tiempo con las transformaciones que experimenta el alimento durante la digestión.

bolo alimenticio → ◆◆◆ → ◆◆◆ → ◆◆◆ → ◆◆◆

6 **RELACIONA.** ¿Por qué si me pongo un filete en la mano las células de mi piel no pueden nutrirse con él? ¿Qué debe ocurrir para que puedan aprovecharlo?

Taller

Nos activamos

1 **EXPERIMENTA.** ¿Cuánto aire crees que cabe en nuestros pulmones?

Para averiguarlo, podemos hacer un aparato casero con un barreño, una botella transparente graduada y un trozo de tubo de plástico.

Fíjate en la imagen y construye el tuyo. Luego, toma aire y sopla por el tubo.

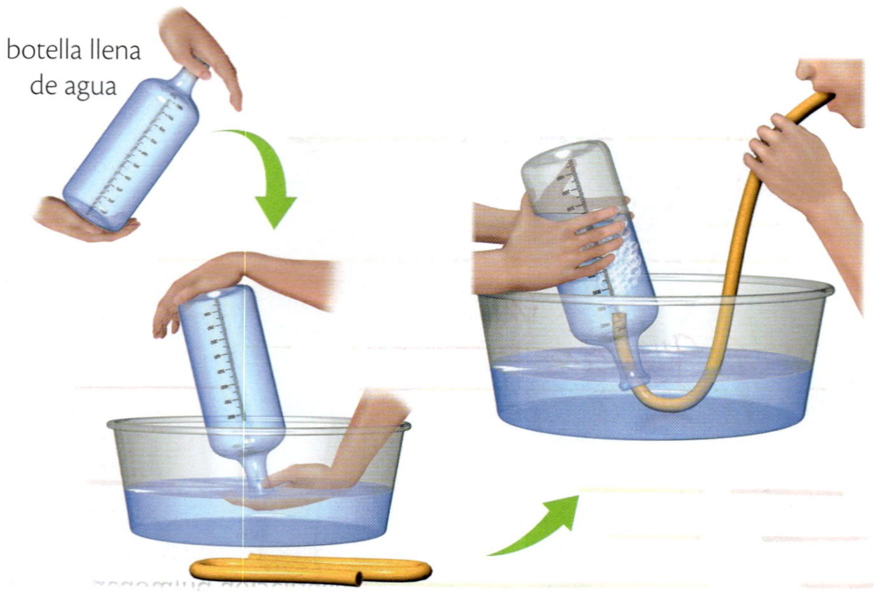

a. ¿Qué ocurre cuando soplas por el tubo?

b. ¿Cuántos litros has soplado?

Comprendemos

Para conseguir energía, las células utilizan el oxígeno del aire que llega a nuestros pulmones mediante la **respiración**.

¿En qué consiste la respiración?

La **respiración** consiste en **tomar el oxígeno** que necesitan las células y **expulsar el dióxido de carbono** que se produce en ellas.

La respiración se produce gracias a dos procesos: la **ventilación pulmonar** y el **intercambio de gases.**

La ventilación pulmonar es la entrada y salida de aire en los pulmones. Se realiza mediante dos movimientos: la **inspiración** y la **espiración**.

2 **¿Qué función tienen el vello y la mucosidad en las fosas nasales?**

3 **El aire con el que apagas una vela, ¿contiene más o menos dióxido de carbono que el que inspiras? Razona tu respuesta.**

El viaje del aire

Ventilación pulmonar

En la **inspiración**, el **diafragma se contrae**, el tórax se expande y, como consecuencia, los pulmones se ensanchan.

El aire penetra por las **fosas nasales** y se calienta. Se limpia de impurezas mediante la **mucosidad** y el **vello** que recubre estas cavidades.

Después, pasa por la **laringe**, la **tráquea**, los **bronquios** y los **bronquiolos**, y llega a los **pulmones**, que se llenan así de aire.

En la **espiración**, el **diafragma se relaja** y el tórax se reduce. De este modo, los pulmones se hacen más pequeños y se deshinchan. El aire vuelve a salir al exterior por las fosas nasales.

Intercambio de gases

En los pulmones se encuentran los **alvéolos pulmonares**. En ellos se produce el **intercambio de gases**. Durante este proceso, el **oxígeno** del aire exterior pasa a la sangre, y el **dióxido de carbono** que está en la sangre pasa a los pulmones y sale al exterior.

smMasSavia.com

¿Cómo tiene lugar el intercambio de gases?

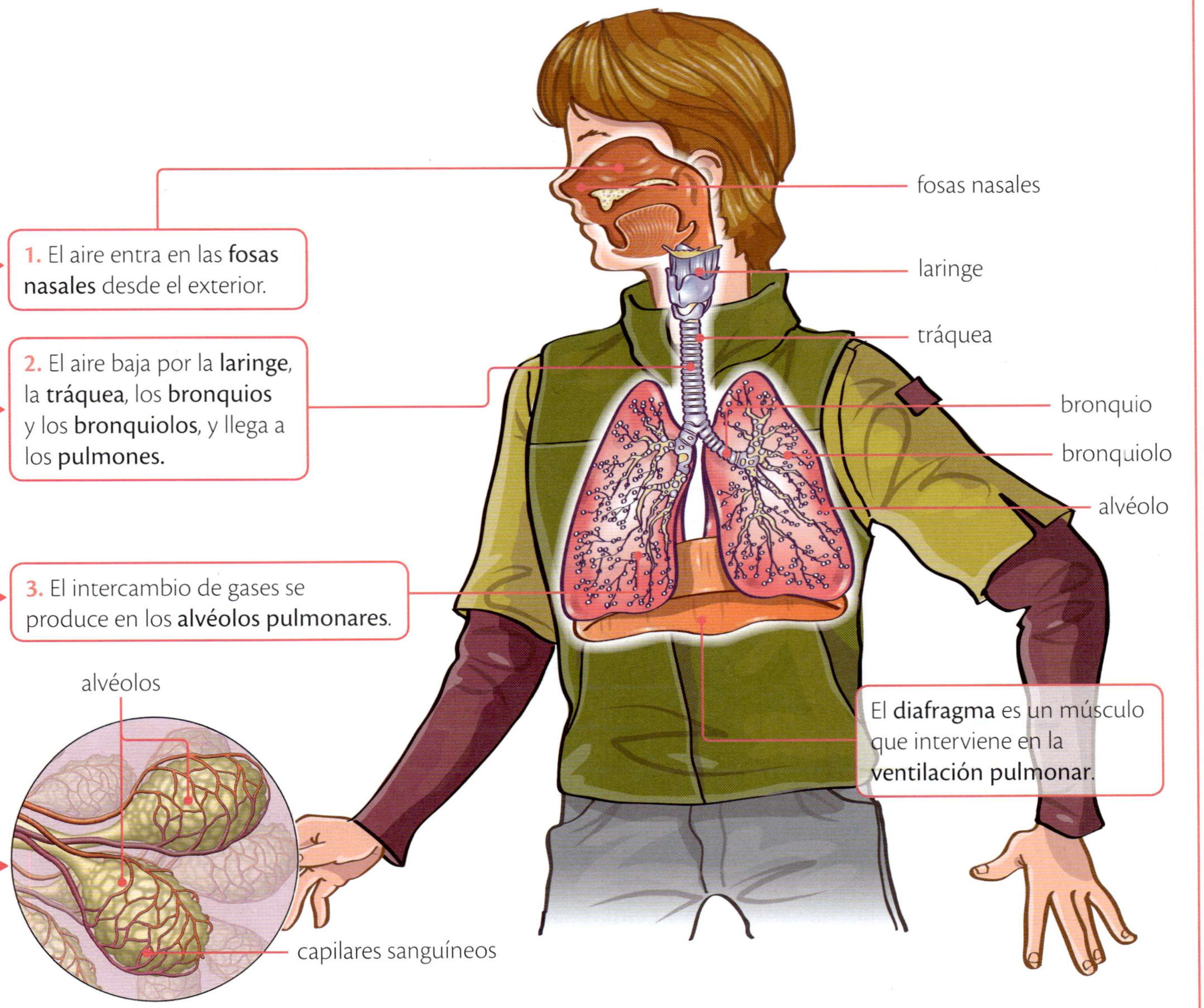

4 ¿Qué sustancias utilizamos para conseguir energía?

> Mediante la **respiración** obtenemos el **oxígeno** que las células necesitan para obtener energía. También expulsamos el **dióxido de carbono** que se produce en ellas.

Aplicamos

G I **5** **DEBATE Y ACUERDO.** Si respiramos por la boca en vez de por la nariz, ¿el aire también se calienta y se limpia? Razona tu respuesta.

6 **RELACIONA.** ¿Qué movimiento respiratorio representa cada imagen de la derecha? Explica qué ocurre en cada una de ellas.

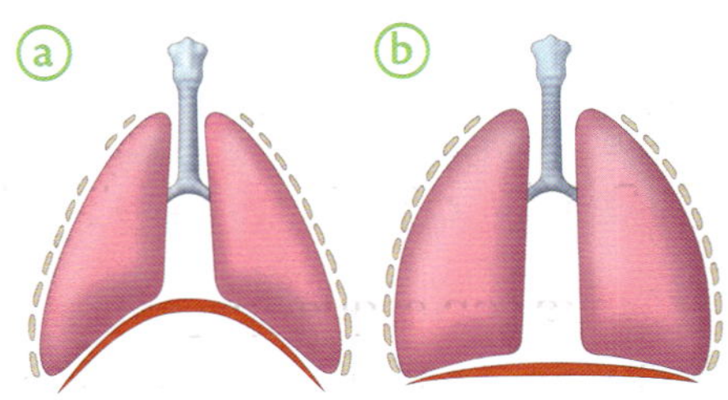

Nos activamos

Al correr gastamos más energía que al leer.

1 **OBSERVA** las ilustraciones y fíjate en las gráficas.

a. ¿En qué situación late más rápido el corazón?

b. ¿Por qué ocurre esto?

Comprendemos

El **aparato circulatorio** lleva a las células el oxígeno y los nutrientes. Cuando hacemos ejercicio, las células gastan más energía, y por eso nuestro corazón late más rápido. El aparato circulatorio es un **sistema cerrado de vasos sanguíneos comunicados entre sí** por el que circula la **sangre**.

sistema cerrado: medio que no intercambia materia (sangre, en este caso) con el exterior.

Los vasos sanguíneos

En nuestro organismo hay tres tipos de vasos sanguíneos:

- **Venas.** Son vasos por los que circula la sangre que va hacia el corazón.
- **Arterias.** Son vasos por los que circula la sangre que sale del corazón.
- **Capilares.** Son vasos muy finos que comunican las arterias y las venas. Permiten el intercambio de sustancias y gases con las células.

La sangre

La sangre está formada por **plasma sanguíneo** y **células sanguíneas.**

- El **plasma** es un líquido en el que flotan las células sanguíneas. Además, lleva nutrientes y sustancias de desecho.
- Si observamos una gota de sangre al microscopio, vemos que en ella existen distintos tipos de **células sanguíneas.**

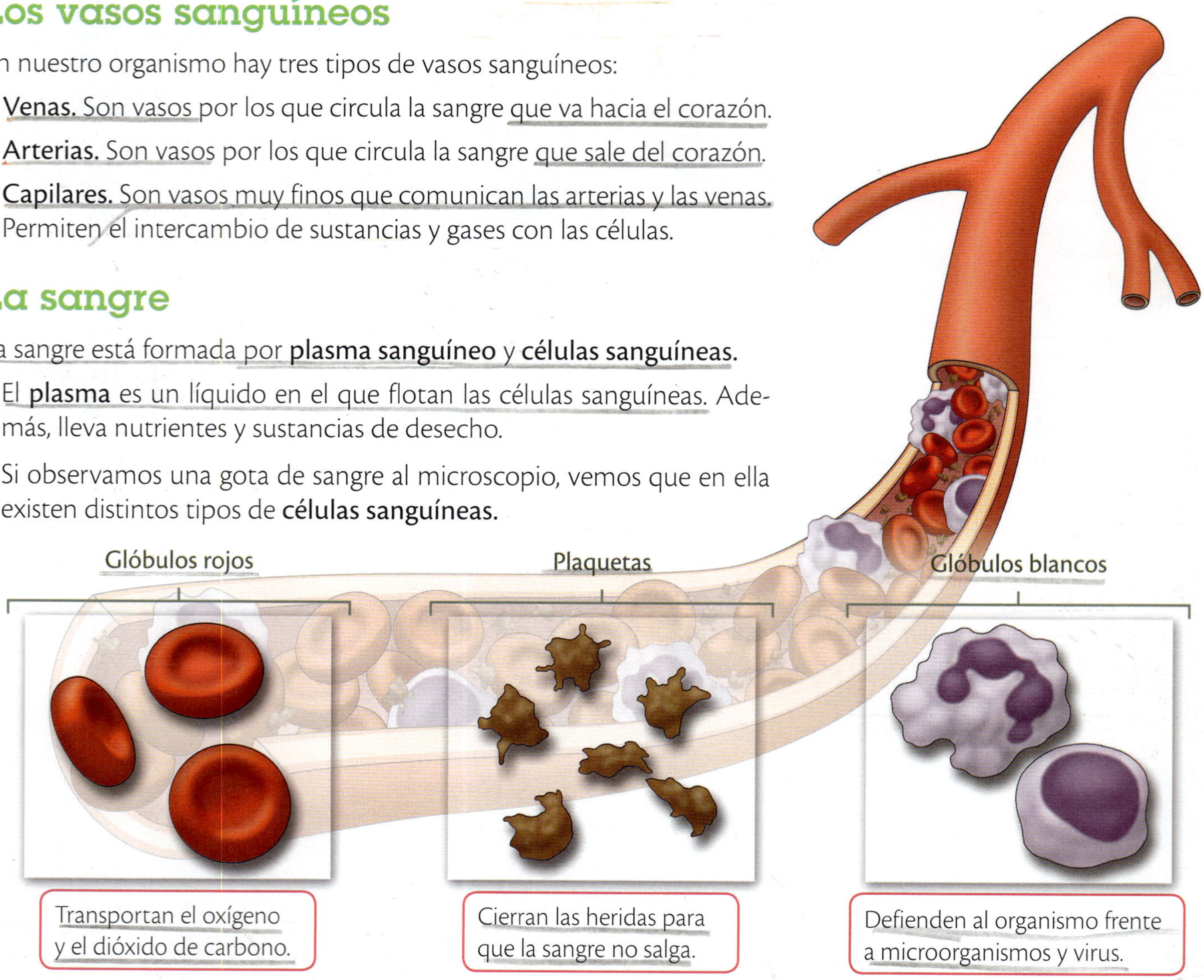

2 **¿Qué sucedería si nos quedásemos sin plaquetas en la sangre?**

El corazón

El corazón es un órgano musculoso que está formado por cuatro cavidades: dos **aurículas** y dos **ventrículos.** Las aurículas se comunican con los ventrículos mediante las **válvulas.**

Este órgano se contrae y se dilata para impulsar la sangre por todo el organismo. Lo hace mediante los **latidos.**

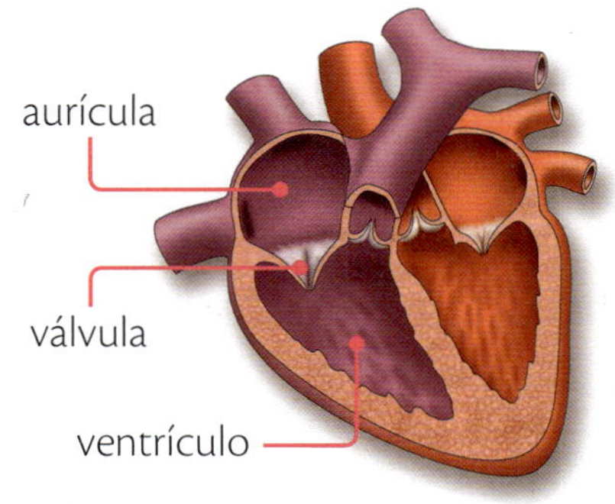

El recorrido de la sangre

La **circulación sanguínea** es el recorrido que realiza la sangre por el organismo. Este recorrido se divide en dos circuitos:

El **latido** tiene dos fases:

Sístole. El corazón se contrae y envía la sangre a las arterias.

Diástole. El corazón se relaja y la sangre entra en su interior.

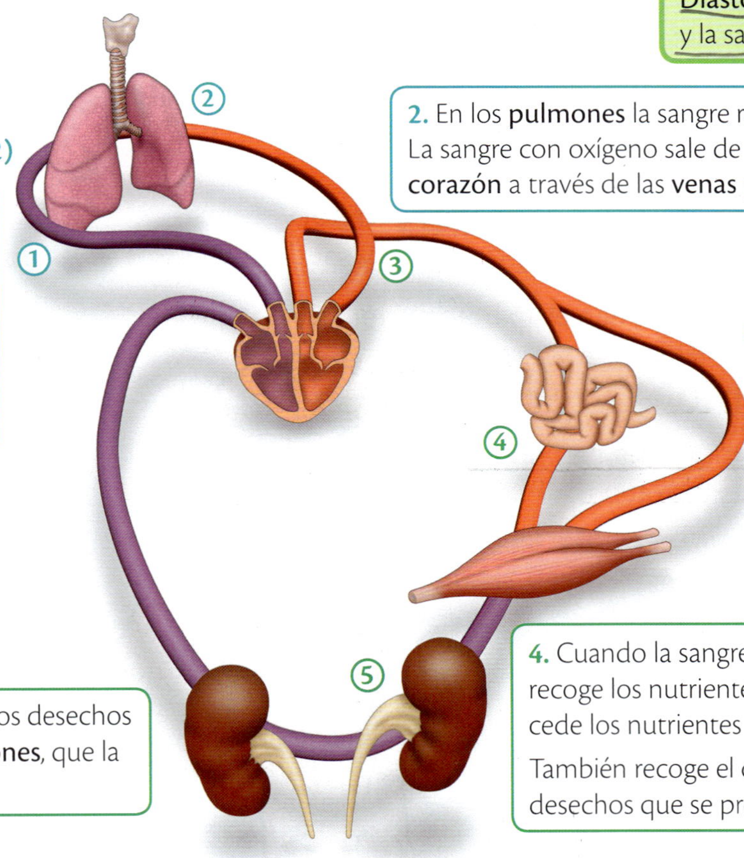

Circulación pulmonar (1, 2)

1. La sangre con dióxido de carbono llega al **corazón**. A través de las **venas cavas**, este la envía a los **pulmones** para expulsar el dióxido de carbono al exterior.

2. En los **pulmones** la sangre recoge el oxígeno del aire. La sangre con oxígeno sale de los pulmones y llega al **corazón** a través de las **venas pulmonares**.

Circulación general (3, 4, 5)

3. El **corazón** envía la sangre con oxígeno por todo el organismo a través de la **arteria aorta**.

4. Cuando la sangre llega al **intestino delgado**, recoge los nutrientes de la digestión. La sangre cede los nutrientes y el oxígeno a las células. También recoge el dióxido de carbono y los desechos que se producen en las células.

5. La sangre lleva los desechos celulares a los **riñones**, que la filtran y la limpian.

- El **sistema circulatorio** lleva **nutrientes** y **oxígeno** a las células. Además, las ayuda a desprenderse de los desechos.
- La sangre realiza dos recorridos: la **circulación pulmonar** y la **circulación general**.

Aplicamos

3 smMasSavia.com | ¿Qué sustancias recorren nuestro aparato circulatorio? ¿De dónde las toma y a dónde las lleva?

4 **Relaciona.** Realiza diferentes actividades, como saltar, correr o andar. Mídete el pulso y elabora una tabla con los resultados. ¿Qué diferencias ves?

Nos activamos

1 **RAZONA.** Sudar puede llegar a ser molesto, pero ¿crees que sudar es bueno o malo?

2 **DEDUCE.** Si la cantidad de agua en nuestro cuerpo es la correcta, la orina es de color amarillo claro o incolora. ¿Qué crees que puede indicar una orina de color amarillo oscuro?

Comprendemos

La orina y el sudor son desechos. ¿Cómo elimina nuestro organismo los desechos que produce?

- El **dióxido de carbono** se elimina en el aparato respiratorio a través de los **alvéolos pulmonares**.
- La **orina** y el **sudor** se eliminan a través del **aparato excretor**. Este aparato está formado por el **sistema urinario** y las **glándulas sudoríparas**.

3 ¿Cuáles son los órganos que forman el aparato excretor?

El sistema urinario

El **sistema urinario** está formado por los riñones, los uréteres, la vejiga urinaria y la uretra.

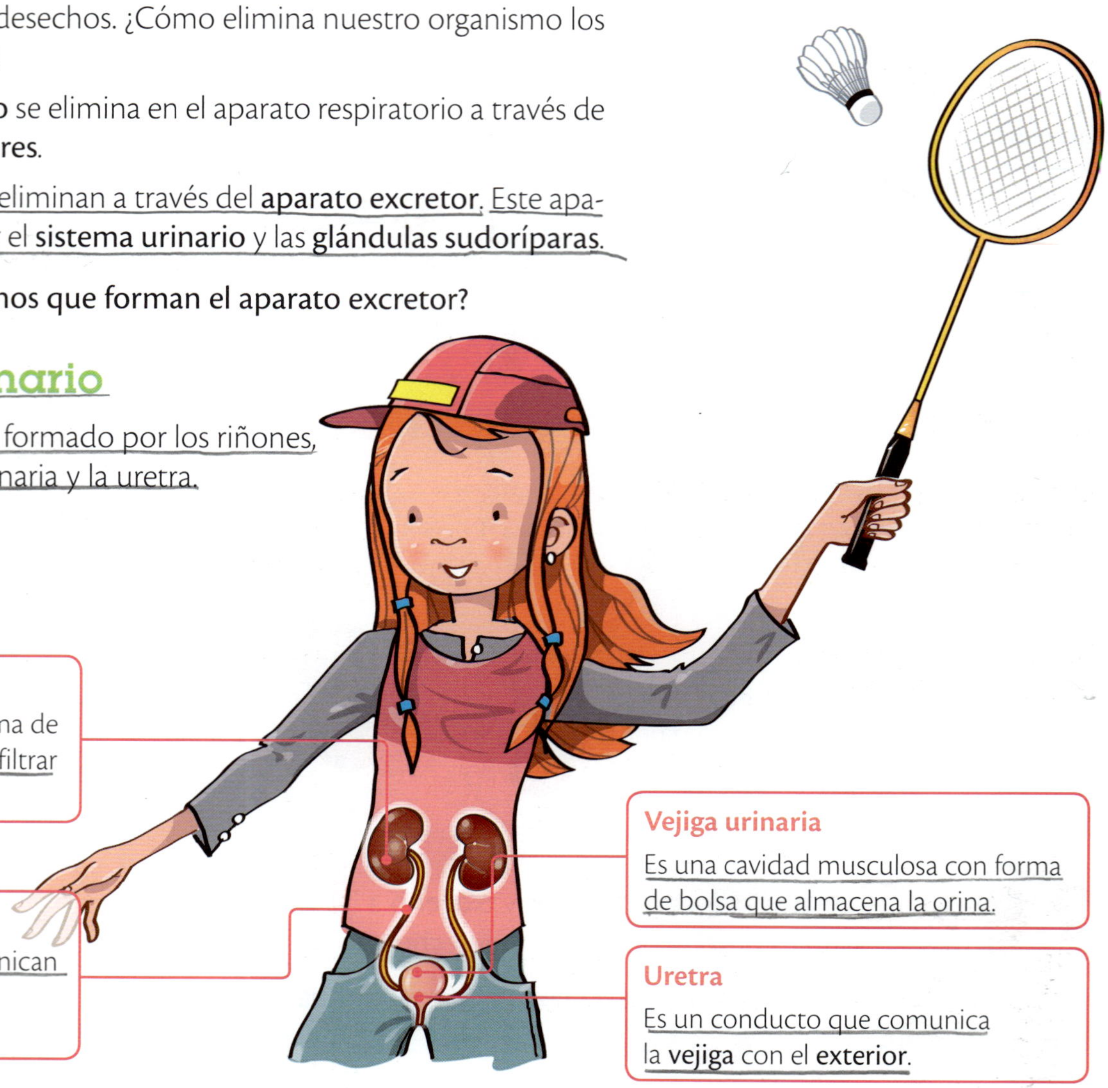

La formación de orina

La sangre recoge los desechos que producen las células y los lleva hasta los **riñones**. En su interior la sangre se **filtra** y sale limpia.

Los **desechos filtrados** en los riñones se mezclan con **agua** y forman la **orina**. Esta sale de los riñones por los **uréteres** y se va acumulando en la **vejiga**. La orina se expulsa al exterior a través de la **uretra**.

TAREA FINAL

Me pongo en tu lugar

Todos nos hemos sentido enfermos alguna vez. ¡Es el momento de contar vuestras experiencias!

PASO 1 Haced una lista en la pizarra con las enfermedades más frecuentes por las que habéis ido al médico. Explicad cómo os sentíais, qué os dolía y cuál era vuestro estado de ánimo.

Enfermedad	Tenía...	Me sentía...
gripe	fiebre	débil
◆◆◆	◆◆◆	◆◆◆
◆◆◆	◆◆◆	◆◆◆

PASO 2 Ahora toca pensar en los demás. Cuando vuestros seres queridos están enfermos, ¿qué podéis hacer para que se sientan mejor? Elaborad una lista con tres acciones beneficiosas.

PASO 3 ¿Cómo os sentís cuando los demás están enfermos?

PASO 4 Enseñad la lista con las tres acciones a vuestra familia. Llevadla a la enfermería del colegio o a la consulta de vuestro pediatra. Y lo que es más importante: pensad en ella cuando vosotros estéis enfermos o lo esté alguien cercano.

Mi diario

1. ¿Qué parte de la tarea me ha parecido más difícil? Explico por qué.
2. ¿Esta tarea me ha hecho cambiar de idea acerca de las enfermedades? Lo explico con ejemplos.

¿QUÉ SABÍA, QUÉ SÉ?

Ahora que ya has aprendido mucho sobre el cuerpo humano, compara este esquema con lo que sabías antes.

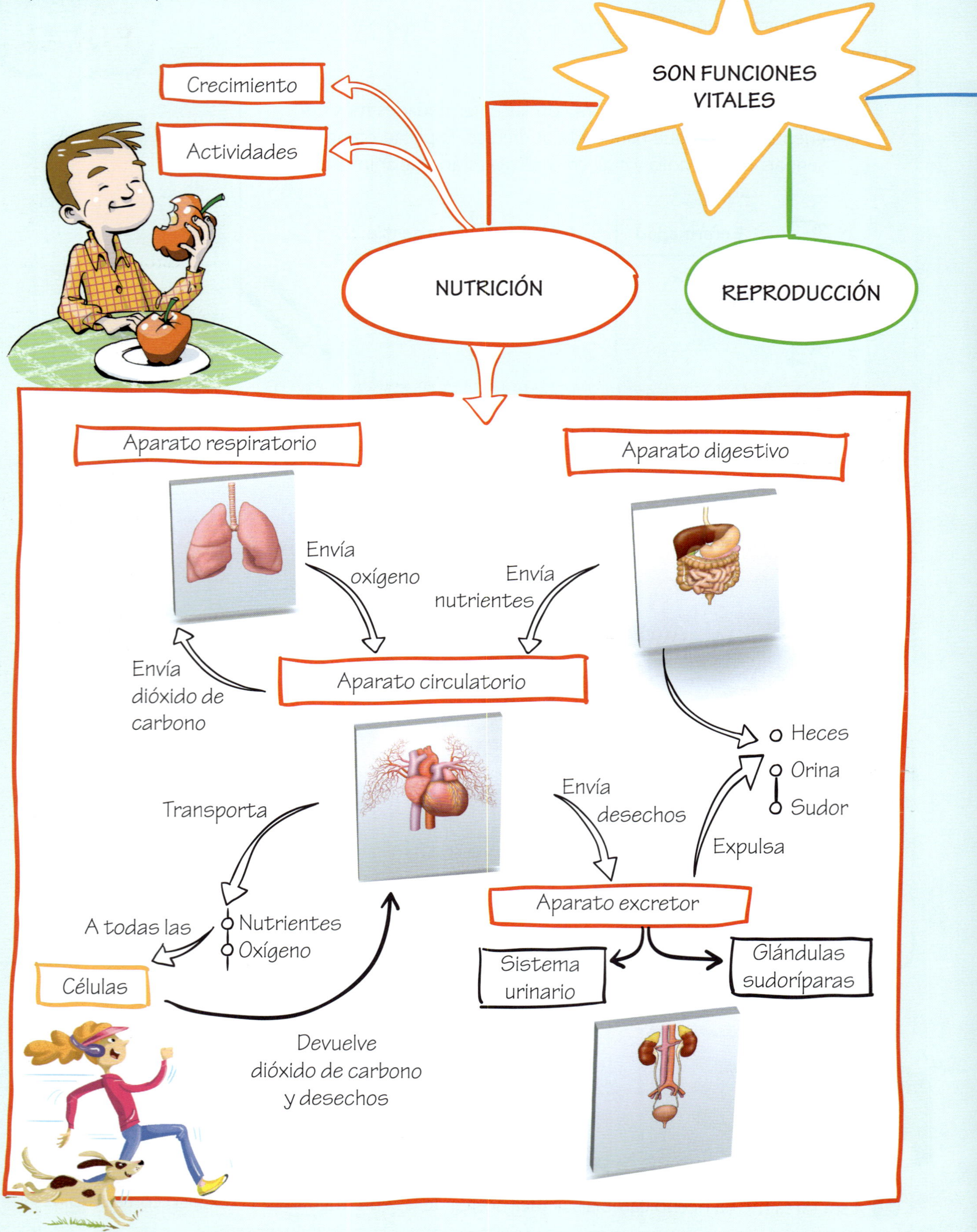

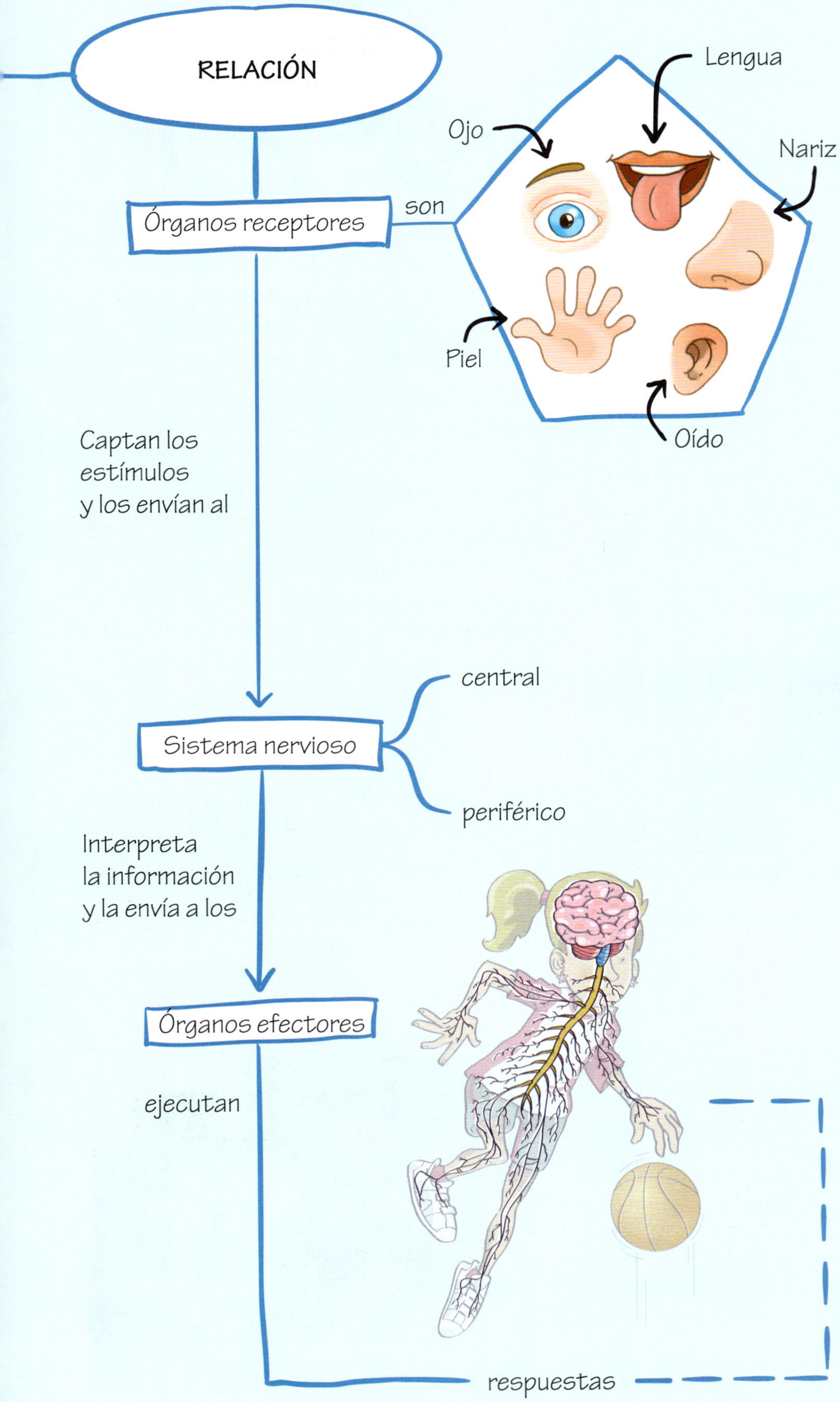

El ser humano y la salud

1 ¿Dónde colocarías estas palabras en el esquema?

cerebro   encéfalo   cerebelo

2 ¿Qué órganos son necesarios en la nutrición? Escribe la respuesta correcta.

A. El estómago

B. El corazón

C. Los riñones

D. Los pulmones

E. Todos

3 Las células del cerebro necesitan mucha energía para funcionar, sobre todo en época de exámenes. ¿Cómo la obtienen? Utiliza el esquema para explicarlo.

4 ¿Qué sustancias de desecho se producen en la nutrición? ¿Cómo las expulsa nuestro cuerpo?

5 Juan siempre llega al colegio muy cansado y, a veces, hasta se duerme en clase. ¿Qué crees que puede estar haciendo mal?

AMPLÍA tu mirada

Pon un arcoíris en tu dieta

Un grupo de investigadores holandeses han clasificado los vegetales en grupos según su color y los han asociado a determinados beneficios nutricionales.

Los verdes, como las espinacas, la lechuga, los guisantes o las judías, aportan magnesio, importante para el proceso de relajación muscular.

Los de color naranja o amarillo intenso, como la zanahoria, la calabaza, la naranja o el melocotón, tienen compuestos antioxidantes y propiedades fotoprotectoras, beneficiosas para nuestra piel.

Los blancos, como la pera, la manzana, el plátano o la coliflor, protegen los vasos sanguíneos del cerebro.

Y los rojos y morados, como el tomate, las cerezas, la lombarda o el pimiento, contienen sustancias con propiedades que previenen enfermedades cardíacas.

¿Cómo se transforman los alimentos en nutrientes?

¡Cómo quema el sol… en la nieve!

¿Qué debes hacer si sufres una quemadura solar?

Siempre pensamos que nuestra piel se quema con el sol del verano. Sin embargo, cuando hace frío, en zonas de montaña y con nieve se pueden producir quemaduras de igual o mayor gravedad. Hay que tener en cuenta que, a mayor altitud, la protección frente a la radiación solar que nos proporciona la atmósfera disminuye y, además, al reflejarse en la nieve, la luz del sol se intensifica.

Tomar el sol durante largas horas sin protegerse hace que los daños en la piel se acumulen a lo largo de nuestra vida. Como consecuencia, la piel envejece antes y, en algunos casos, puede llegar a desarrollar cáncer. Pero no solo hay que proteger la piel, nuestros ojos son delicados y los rayos solares pueden afectar a la córnea, a la retina o al cristalino.

Así que, tanto en la playa como en la nieve, usa crema de protección solar y gafas con el filtro adecuado.

Reír para estar sanos

Muchos especialistas coinciden en que reír es muy saludable.

Cuando emitimos una sonora carcajada, aumenta nuestro ritmo cardíaco, los músculos se relajan y los vasos sanguíneos se dilatan, lo que mejora la circulación de la sangre.

Al reír sentimos felicidad, relajación, confianza… y desarrollamos estados de ánimo positivos.

Las emociones positivas favorecen el pensamiento creativo y las relaciones sociales, y nos ayudan a estar más sanos.

¿Qué función vital realizas cuando te ríes?

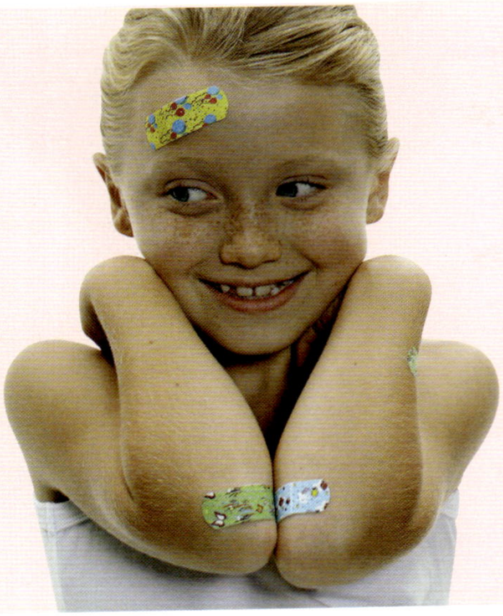

Piel de plástico

Multitud de científicos de todo el mundo intentan imitar distintas partes del cuerpo humano para ayudar a las personas que sufren diferentes enfermedades. Uno de los avances más curiosos es la imitación de la piel con un complejo material parecido al plástico.

Este material es capaz de autorregenerarse, es decir, curarse a sí mismo, igual que la piel humana si te haces una herida. Y, además, ¡permite tener tacto!

¿Qué información recibimos a través del tacto?

Eternamente dulce...

Una fruta de origen africano, la *Synsepalum dulcificum*, hace que los alimentos amargos o ácidos sepan dulces. ¿Cómo es posible?

Se debe a una sustancia llamada *miraculina* que evita que los detectores de sabor amargo y ácido de la lengua funcionen como es debido. ¡Este efecto puede durar una hora!

¿Con qué zona de la lengua detectamos cada sabor?

¿Qué partes del ojo conoces?

Ojos de seda

Sí, como lo oyes, la seda está siendo estudiada como material para sustituir y regenerar algunas partes dañadas de los ojos. De esta manera, las personas con lesiones oculares graves podrían recuperar la visión e incluso se podrían curar ciertos tipos de ceguera.

El ser humano y la salud

- **Unidad 3** La reproducción
- **Unidad 4** La salud
- TAREA FINAL **Mejora tu salud**
- **¿Qué sabía, qué sé?**
- **Amplía tu mirada**

1 Empezamos

En España tenemos un sistema público de salud que atiende a todos los ciudadanos.

¡Ponte a pensar! Fíjate en la imagen y elige a uno de los pacientes. Explica con tus palabras por qué ha ido al hospital y cómo crees que se siente.

2 ¡Sabes más de lo que crees!

a. La última vez que tuviste un problema de salud, ¿cuáles eran los síntomas? ¿Qué partes del cuerpo estaban afectadas?

b. Piensa en cuatro hábitos que te hacen sentir bien. ¿Qué efecto crees que tienen en tu salud? ¿Y en tu estado de ánimo?

3 Sigue haciéndote preguntas

- ¿Cómo mejoran los avances médicos la salud de las personas?
- ¿Crees que será posible en el futuro no enfermar nunca?

TAREA FINAL

Mejora tu salud

Al final del bloque te convertirás en reportero y realizarás una revista para dar a conocer la importancia de tener hábitos de vida saludables.

3

La reproducción

Distinguir las etapas de la vida.

¿Cuándo dejamos de ser niños para ser adolescentes? ¿En qué momento a los chicos les crecen la barba y el bigote?

Conocer cómo es nuestro aparato reproductor.

¿En qué nos diferenciamos físicamente los chicos y las chicas? ¿Qué son las células reproductoras?

Comprender cómo se concibe una nueva vida.

¿Qué ocurre en la fecundación? ¿Qué sucede en los nueve meses de embarazo? ¿En qué consiste el parto?

smMasSavia.com

Lo que ya sé.

1 Las etapas de la vida

Nos activamos

1 **Observa y deduce.** Diego y María son hermanos mellizos. Observa atentamente las fotografías de su álbum familiar y responde después a las preguntas.

a. ¿Qué edad crees que tienen María y Diego en cada una de las imágenes?

b. María y Diego se parecen mucho físicamente. ¿En qué imágenes es más fácil diferenciarlos? ¿Y en cuáles es más difícil?

c. ¿En qué te fijas para poder distinguir a estos dos hermanos?

Comprendemos

Las características físicas que distinguen a las mujeres de los hombres se denominan **caracteres sexuales**. Estas diferencias se vuelven más o menos evidentes según la fase o **etapa de la vida** en la que nos encontramos.

Las etapas de la vida

A lo largo de nuestra vida, las personas atravesamos **tres etapas**:

- La **infancia**. Es el período que transcurre desde el nacimiento hasta los doce años de edad, aproximadamente. Durante los primeros años de vida, los niños y las niñas crecen muy rápidamente. Van adquiriendo múltiples habilidades, como caminar, hablar y leer, por lo que se vuelven cada vez más autónomos.
- La **adolescencia**. Comprende desde los doce hasta los diecinueve años de edad, aproximadamente. Entre los once y los quince años tiene lugar la **pubertad**. En la pubertad, los aparatos reproductores de chicas y chicos alcanzan su madurez y **capacidad fértil**. Esta etapa también se caracteriza por la aparición de diferencias físicas claras entre los chicos y las chicas.
- La **edad adulta**. Es la etapa que abarca el resto de nuestra vida. Se divide en tres períodos: la **juventud**, la **madurez** y la **ancianidad**.

2 ¿En qué etapa de la vida te encuentras tú en este momento?

Los caracteres sexuales

Los **caracteres sexuales** que diferencian a los hombres de las mujeres pueden ser de dos tipos:

- **Caracteres sexuales primarios**: son los **órganos reproductores** femenino y masculino. Al nacer, estos órganos ya están formados.
- **Caracteres sexuales secundarios**: son **diferencias físicas** entre ambos sexos que se hacen más evidentes durante la pubertad.
  - En las chicas, aparece vello en el pubis y en las axilas, se desarrollan las mamas y las caderas se van ensanchando.
  - En los chicos, también aparece vello en el pubis y en las axilas, la voz se vuelve más grave, se ensanchan los hombros, la **nuez** se hace más evidente y comienzan a crecer el bigote y la barba.

Durante la pubertad la altura aumenta notablemente. Esta aceleración del crecimiento se conoce como **estirón puberal**. Es el momento en el cual los chicos y las chicas pueden crecer más de diez centímetros en un año.

nuez: abultamiento de la laringe en la parte anterior del cuello.

> ▶ Las etapas de la vida son la **infancia**, la **adolescencia** y la **edad adulta**.
>
> ▶ Los caracteres sexuales pueden ser de dos tipos: **primarios** o **secundarios**.

Aplicamos

3 **Clasifica** en una tabla los caracteres sexuales primarios y secundarios de ambos sexos.

4 **Opina.** ¿En qué etapas de la vida crees que los seres humanos necesitamos más cuidados?

Nos activamos

I G **1** **HAZ UNA LISTA Y COMPARA.** Cierra el libro y haz una lista con los órganos de los aparatos reproductores masculino y femenino que recuerdas. Compara después tu lista con la información de estas páginas. ¿Se parece?

Comprendemos

El aparato reproductor femenino

El aparato reproductor femenino está formado por los siguientes órganos:

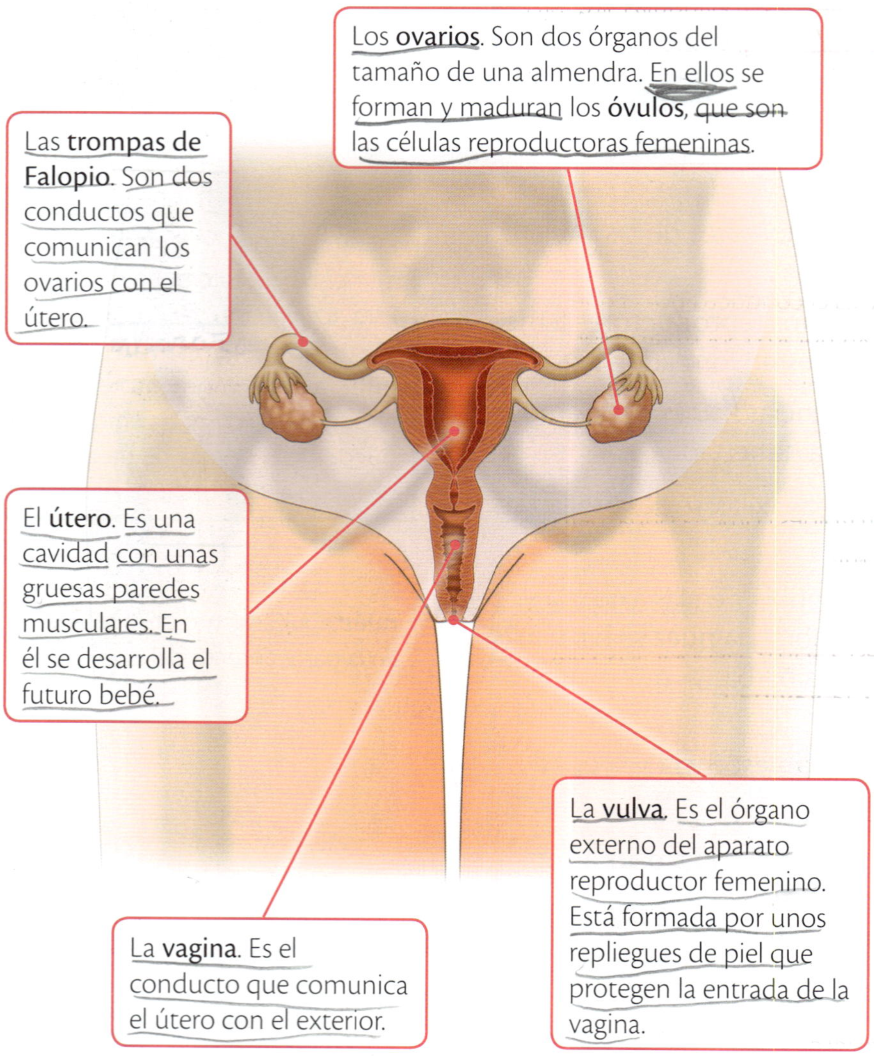

2 ¿Cuál es la función de las trompas de Falopio?

3 ¿Qué nombre reciben las células reproductoras femeninas?

4 ¿En qué parte del aparato reproductor femenino se producen los óvulos?

El aparato reproductor masculino

El aparato reproductor masculino está formado por los siguientes órganos:

Los **testículos**. Son dos órganos que se encuentran fuera de la cavidad abdominal y están cubiertos por un repliegue de piel llamado **escroto**. En ellos se producen los espermatozoides, que son las células reproductoras masculinas.

Los **conductos deferentes**. Son dos conductos muy finos que recogen los espermatozoides de los testículos y los transportan hasta la uretra.

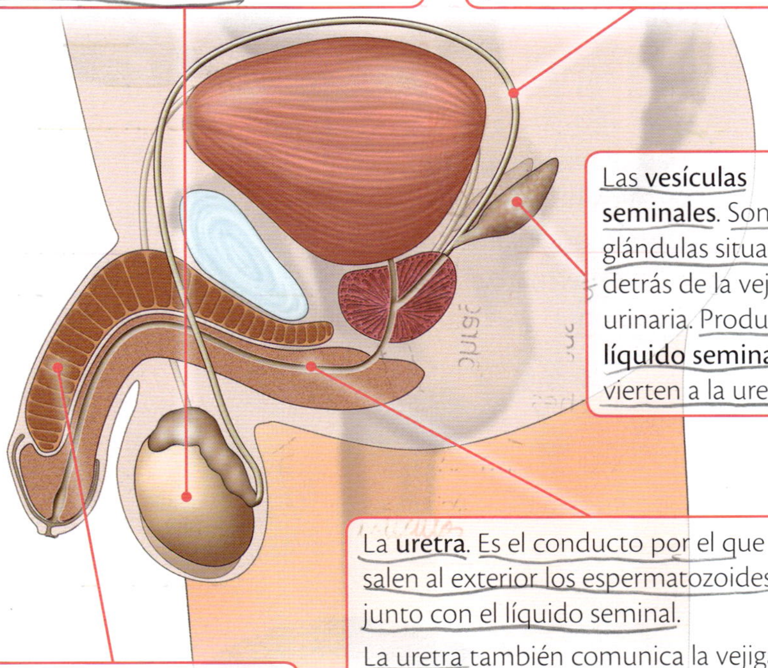

Las **vesículas seminales**. Son dos glándulas situadas detrás de la vejiga urinaria. Producen el **líquido seminal** y lo vierten a la uretra.

La **uretra**. Es el conducto por el que salen al exterior los espermatozoides, junto con el líquido seminal.

La uretra también comunica la vejiga urinaria con el exterior. Así, a través de ella salen del cuerpo tanto los espermatozoides como la orina, pero nunca al mismo tiempo.

El **pene**. Es la parte más externa del aparato reproductor masculino. En su interior se encuentra la uretra.

- El **aparato reproductor femenino** está formado por los **ovarios**, las **trompas de Falopio**, el **útero**, la **vagina** y la **vulva**.
- El **aparato reproductor masculino** está formado por los **testículos**, los **conductos deferentes**, las **vesículas seminales**, la **uretra** y el **pene**.

smMasSavia.com

¿Qué órganos forman el aparato reproductor masculino? ¿Cuáles integran el aparato reproductor femenino?

Aplicamos

5 **Recuerda.** ¿Qué órgano comunica el aparato reproductor masculino con el exterior? ¿Y en el femenino?

6 **Clasifica** estos órganos según pertenezcan al aparato reproductor femenino o al masculino.

ovarios · vulva · testículos · pene

Nos activamos

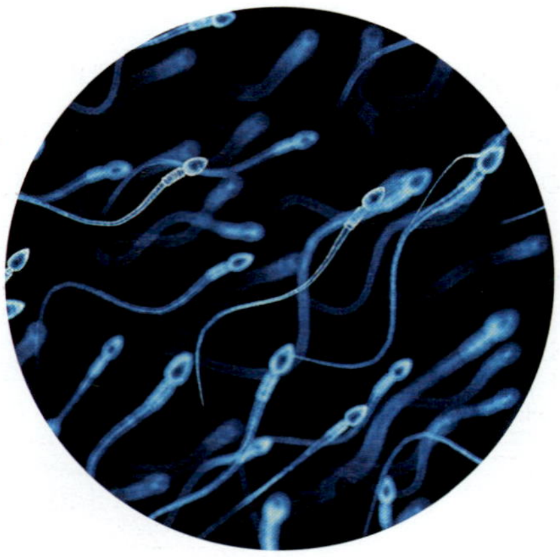

1 **Razona.** En el siglo XVII, el fabricante de microscopios Anton van Leeuwenhoek descubrió los espermatozoides. Lo primero que pensó al verlos es que eran pequeños animales o semillas que luego se desarrollaban en el cuerpo de la mujer para formar un bebé.

¿Estaba en lo cierto Leeuwenhoek? ¿Por qué crees que pensó esto?

Comprendemos

Los espermatozoides son células reproductoras masculinas, igual que los óvulos son células reproductoras femeninas. Los seres humanos tenemos un tipo de **reproducción sexual** que nos permite originar otros seres semejantes a nosotros. Para ello, un óvulo y un espermatozoide deben unirse. Esta unión recibe el nombre de **fecundación**.

Las células sexuales

Los **espermatozoides** y los **óvulos** son muy diferentes.

Espermatozoides

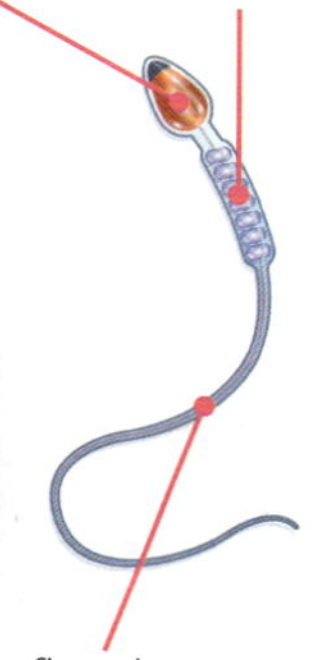

Espermatozoides vistos al microscopio

Los espermatozoides son las **células reproductoras masculinas**. También reciben el nombre de **gametos masculinos**.

Su tamaño es muy pequeño. En ellos se pueden diferenciar tres partes: la **cabeza**, el **cuello** y la **cola o flagelo**. Gracias al flagelo estas células pueden moverse.

Los espermatozoides comienzan a formarse en los testículos durante la pubertad.

Óvulos

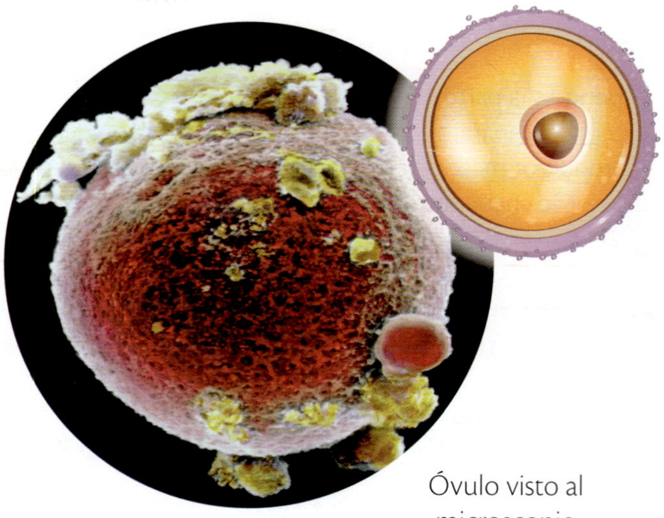

Óvulo visto al microscopio

Los óvulos son las **células reproductoras femeninas**. También se llaman **gametos femeninos**.

Su forma es redondeada y su tamaño es mucho mayor que el de los espermatozoides. No tienen capacidad de movimiento.

Al nacer, las niñas tienen en su aparato reproductor un gran número de óvulos inmaduros. Estas células madurarán en la pubertad. A partir de ese momento, los óvulos estarán preparados para ser fecundados.

La fecundación

Cada veintiocho días, aproximadamente, un ovario libera un óvulo, que va circulando a través de las trompas de Falopio hacia el útero. Si no se produce la unión entre un óvulo y un espermatozoide, el óvulo se expulsa al exterior a través de la vagina, acompañado de una pequeña hemorragia. Este proceso se llama **regla** o **menstruación**.

Si se encuentra con un espermatozoide durante su recorrido por las trompas de Falopio, el óvulo puede ser fecundado. La **fecundación** se produce cuando el espermatozoide alcanza el óvulo y consigue entrar en él. El siguiente esquema representa cómo se produce la fecundación.

smMasSavia.com

¿Cómo se produce la fecundación?

1. El **óvulo** sale del ovario.

2. Los **espermatozoides** circulan por la vagina y el útero, y llegan a las trompas de Falopio.

3. Un espermatozoide alcanza el óvulo y lo fecunda. En ese momento se forma el **cigoto**.

4. El cigoto comienza a dividirse y forma el **embrión**.

5. El embrión llega al útero y se fija en sus paredes, es decir, se **implanta**. Sigue creciendo hasta convertirse en el **feto**.

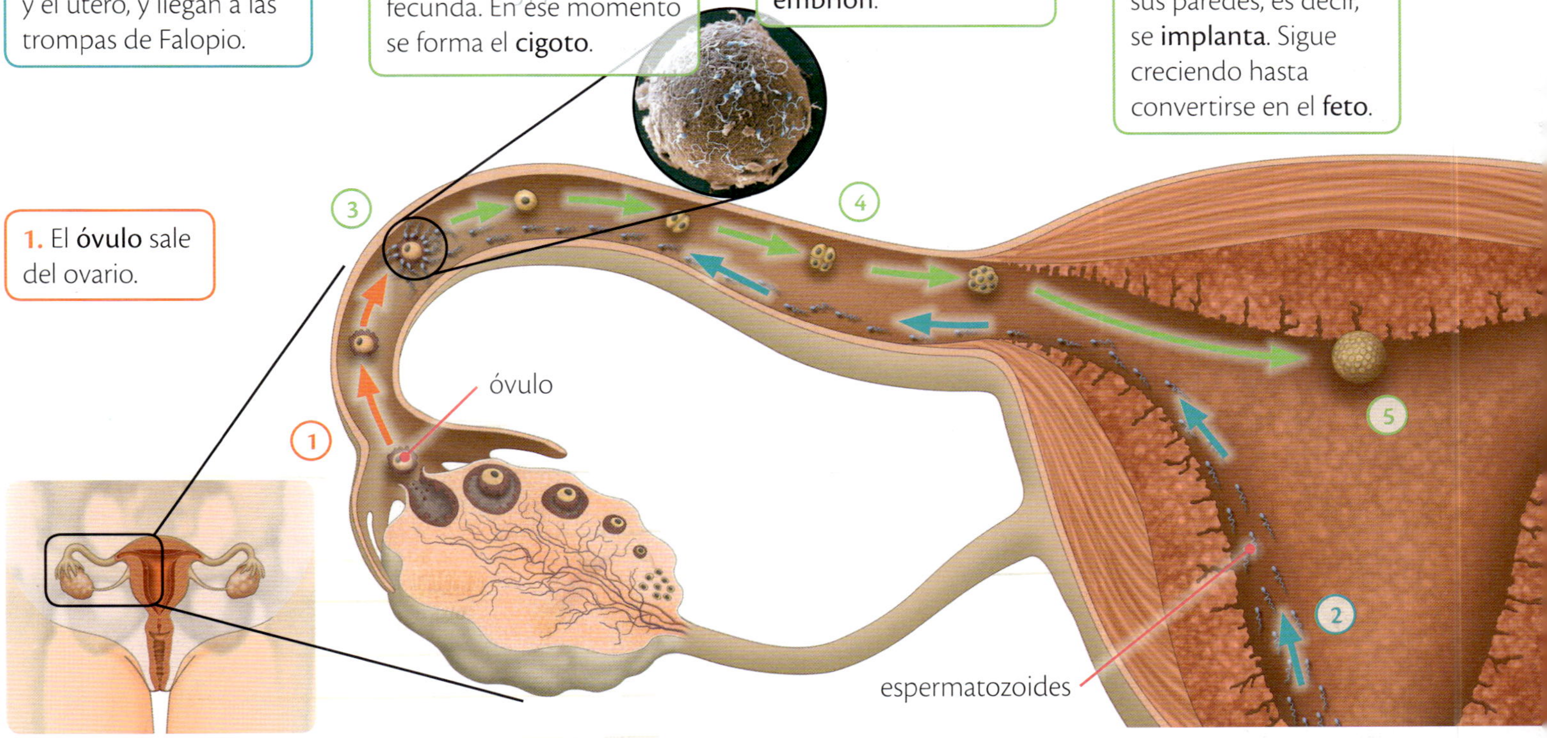

- Los **espermatozoides** son las células reproductoras masculinas y los **óvulos** son las células reproductoras femeninas.
- La **fecundación** es el proceso de unión de un óvulo y un espermatozoide.

Aplicamos

2 **Explica** las diferencias que existen entre un óvulo y un espermatozoide. Acompaña tu explicación con un dibujo de cada gameto.

3 **Relaciona.** ¿En qué órgano del aparato reproductor femenino tiene lugar la unión de un óvulo y un espermatozoide?

Nos activamos

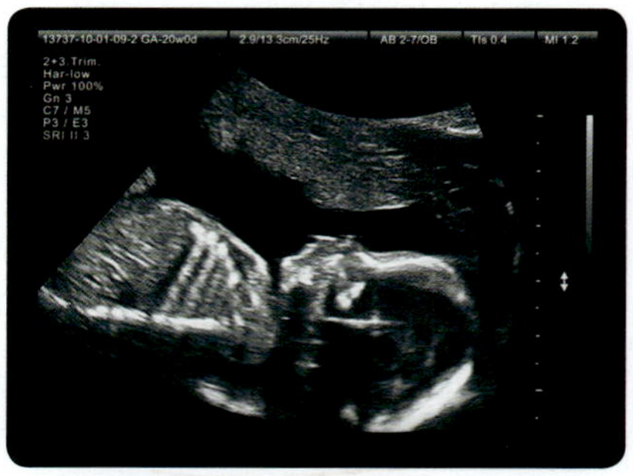

G I **1** **Observa y reflexiona.** Esta imagen es de una ecografía tomada durante el tercer trimestre del embarazo. Las ecografías se obtienen mediante ondas de ultrasonidos. ¿Qué partes del feto reconoces? ¿Qué utilidad crees que tienen estas pruebas?

Comprendemos

El embarazo dura aproximadamente nueve meses y, durante este tiempo, se producen muchos cambios en el embrión y en el cuerpo de la mujer.

La formación de la placenta

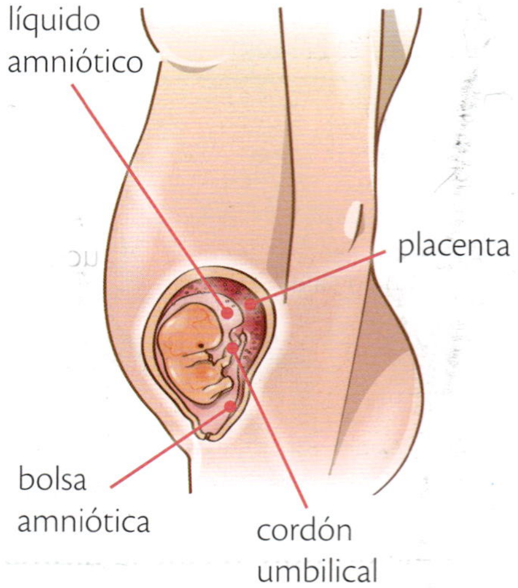

Durante las primeras fases del desarrollo del embrión se forman dos órganos fundamentales en el interior del útero:

- La **placenta** es un tejido que se encarga de captar de la sangre de la madre el oxígeno y los nutrientes que necesita el bebé para crecer. El **cordón umbilical** une la placenta con el bebé.
- La **bolsa amniótica** se desarrolla al mismo tiempo que la placenta. En su interior está el **líquido amniótico** que rodea y protege al embrión.

El embarazo

~~De embrión a feto~~

Durante los nueves meses de embarazo el embrión evoluciona y se prepara para el momento del nacimiento. Los cambios más importantes que ocurren durante este período son:

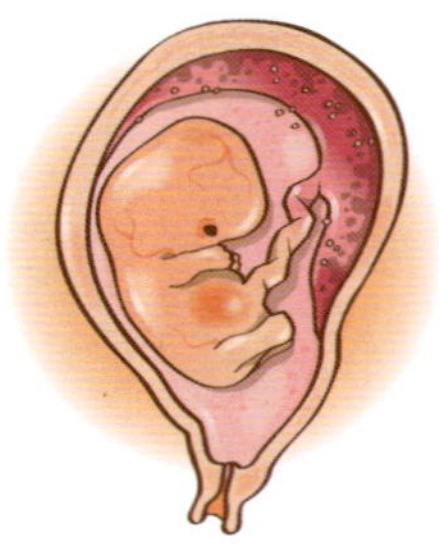

Primer trimestre

En los primeros días del desarrollo comienzan ya a formarse el sistema nervioso del futuro bebé y el corazón, que empieza a latir. Al final del trimestre el embrión recibe el nombre de **feto** y la mayoría de sus órganos están formados.

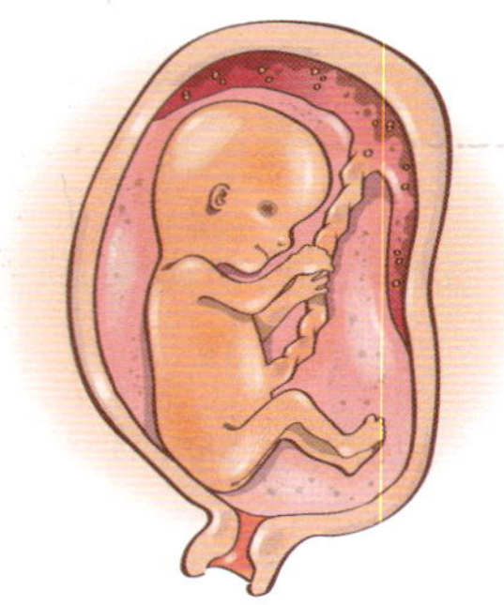

Segundo trimestre

En este período el feto ya puede oír, se chupa el dedo, y abre y cierra los ojos. También se mueve bastante, pues dispone de espacio. Su madre comienza a sentir estos movimientos.

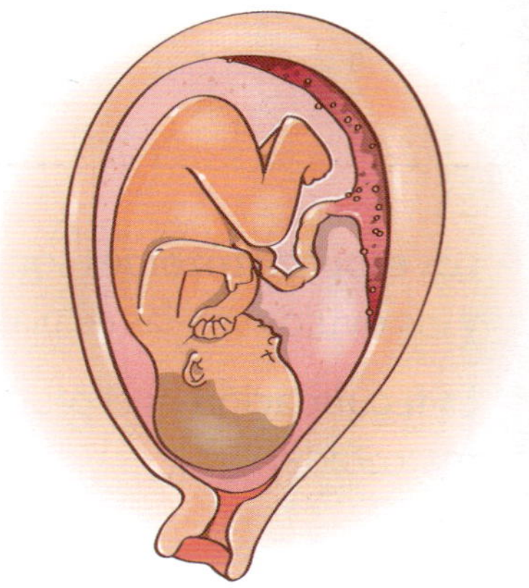

Tercer trimestre

El feto crece y gana peso. Sus órganos han madurado. Ya está listo para vivir fuera del vientre materno. Los bebés que nacen antes de este momento se consideran prematuros.

El parto

El parto es el momento del nacimiento del bebé. Se desarrolla en tres etapas: la **dilatación**, la **expulsión** y el **alumbramiento**.

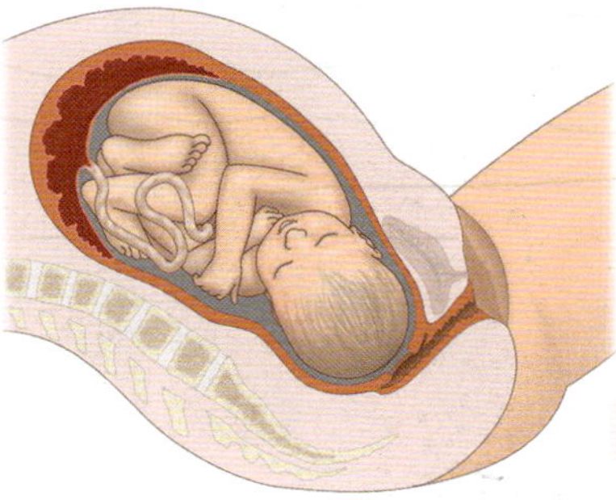

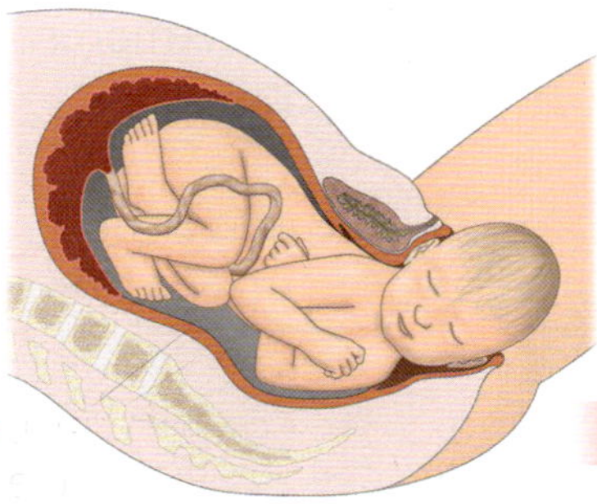

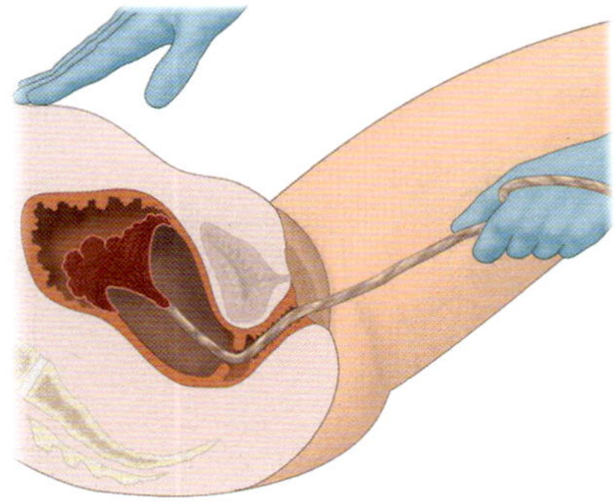

Dilatación

Durante el proceso de dilatación, la zona del útero que se une a la vagina se ensancha poco a poco hasta alcanzar un diámetro de unos diez centímetros. Además, en el útero se producen contracciones rítmicas que empujan al feto hacia la vagina.

Expulsión

La salida del feto al exterior se realiza a través de la vagina.

Cuando el bebé sale al exterior, la persona que atiende el parto corta el cordón umbilical.

Después de unos segundos, el bebé inspira por primera vez y llora.

Alumbramiento

El alumbramiento es la última fase del parto. Durante esta etapa, la placenta se desprende del útero y sale al exterior junto con el fragmento que queda del cordón umbilical.

Tras la salida de la placenta el útero se contrae.

2 ¿En qué fase del parto se produce la salida del bebé al exterior? ¿Cuál es la primera reacción del bebé?

3 ¿Qué nombre recibe la última fase del parto? ¿En qué consiste? Explícalo en tu cuaderno.

- En las **primeras fases** del desarrollo del embrión, también se forman la **placenta**, el **cordón umbilical**, la **bolsa amniótica** y el **líquido amniótico**.
- El **parto** consta de tres fases: la **dilatación**, la **expulsión** y el **alumbramiento**.

Aplicamos

4 **Reflexiona.** ¿Qué es la placenta? ¿Cuál es su función? ¿Qué otro órgano se desarrolla al mismo tiempo que la placenta?

5 smMasSavia.com | ¿Cómo crece y se desarrolla el futuro bebé en el vientre materno?

6 **Explica** la relación que existe entre el desarrollo del feto, el parto y la formación del ombligo.

7 **Prepara la tarea.** Investiga si las mujeres embarazadas tienen que cambiar algún hábito durante el embarazo.

8 **Investiga** cuánto tiempo dura el embarazo en otras especies de mamíferos. En tu equipo, elegid tres especies de mamíferos y comparad la duración de sus embarazos con la duración en el ser humano.

Nos activamos

1 **ELABORA** un cronograma de tu primer año de vida. Pregunta a tu familia los datos necesarios para realizar tu línea de la vida: tu nacimiento, cuándo comenzaste a sostener la cabeza, tu primer diente, el momento en que empezaste a gatear y a caminar, tus primeras palabras, etc.

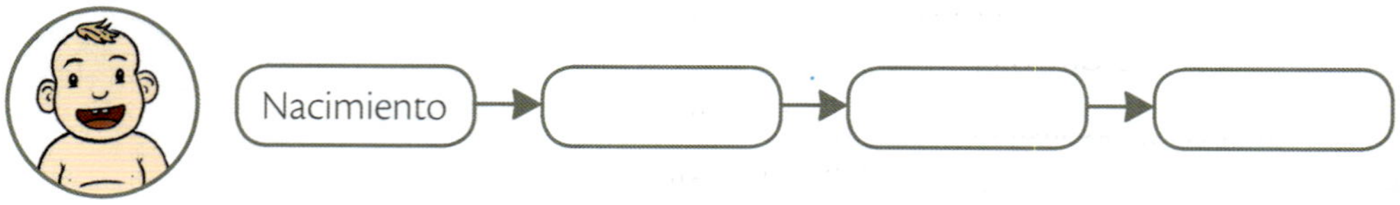

Comprendemos

Desde el momento en que nacemos, no dejamos de crecer y cambiar hasta que alcanzamos la edad adulta.

El posparto

Tras dar a luz, la madre tiene que recuperarse del esfuerzo realizado durante el embarazo y el parto. Este **período de recuperación** se conoce como **posparto** o **puerperio** y dura en torno a seis semanas. En este tiempo, el útero y la musculatura abdominal irán volviendo poco a poco a su estado normal.

Es importante que la madre se alimente de forma equilibrada durante este período de recuperación, especialmente si está amamantando al bebé.

La alimentación del recién nacido

En los primeros meses de vida, los bebés se alimentan exclusivamente de la leche que producen sus madres. La **leche materna** contiene todos los **nutrientes** que el bebé necesita, y también lo **protege contra múltiples enfermedades**.

Cuando la lactancia materna no es posible, se utilizan preparados especiales, con características parecidas a las de la leche materna, que permitirán que el bebé crezca sano. En este caso, otras personas además de la madre pueden colaborar en la alimentación del bebé.

Los cuidados del bebé

Los bebés llegan al mundo totalmente indefensos. Para que crezcan sanos y felices, necesitan muchos cuidados y cariño por parte de su familia.

Durante las primeras semanas tras el nacimiento, el bebé se limita prácticamente a comer y a dormir. A los dos meses comienza a levantar la cabeza sin ayuda, a los cuatro meses ya es capaz de darse la vuelta solo y un par de meses más tarde se mantiene sentado. A los nueve meses comienza a ponerse de pie, y en torno al año da sus primeros pasos.

Durante esta etapa de desarrollo tan intenso, las visitas regulares al pediatra permitirán controlar su crecimiento. En estas visitas el médico le aplicará las vacunas necesarias para protegerlo contra diversas enfermedades.

2 **Imagina que tuvieras un hermano o hermana que acabara de nacer. ¿Cómo podrías participar en sus cuidados?**

- En el **posparto** la madre se **recupera** del esfuerzo realizado durante el embarazo y el parto.
- El **recién nacido** se alimenta exclusivamente de **leche materna** o, si no es posible, artificial.

Aplicamos

TRABAJAMOS LA COMPRENSIÓN LECTORA

Un bebé debe pasar una serie de revisiones médicas desde el momento en que nace. En estas consultas, además de comprobar la salud del bebé, el pediatra mide y pesa al niño, y anota los datos en una tabla similar a la que aparece a la derecha. Observa la gráfica y contesta a las preguntas.

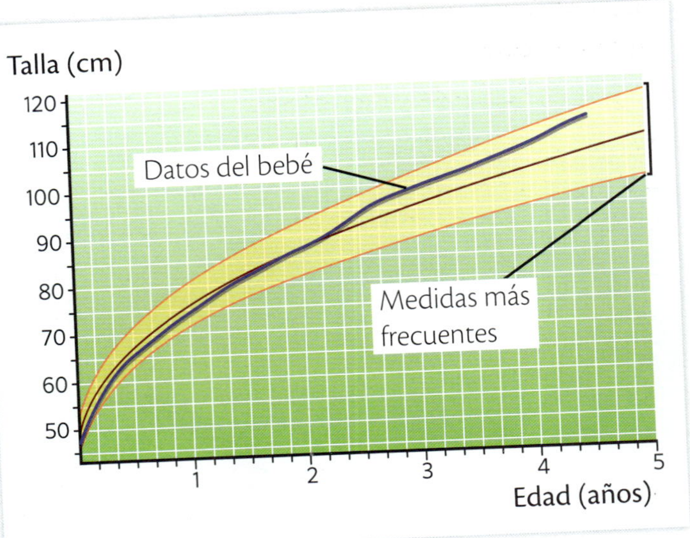

3 **LOCALIZA EL TEMA.** Este texto trata de…

A. la salud de los bebés.

B. la educación de los bebés.

C. la higiene de los bebés.

4 **BUSCA INFORMACIÓN.** Según la gráfica a la que hace referencia el texto, ¿cuánto suelen medir los bebés al cumplir dos años?

5 **ME FIJO EN LO QUE DICE EL TEXTO.** ¿Qué crees que significa que las medidas del bebé estén dentro de la franja amarilla de la gráfica?

COMPROBAMOS LO APRENDIDO

LA FUNCIÓN DE REPRODUCCIÓN

en la que intervienen

HOMBRE

Caracteres sexuales secundarios

Caracteres sexuales primarios

Aparato reproductor masculino

formado por

- Pene
- Uretra
- Conductos deferentes
- Vesículas seminales
- Testículos

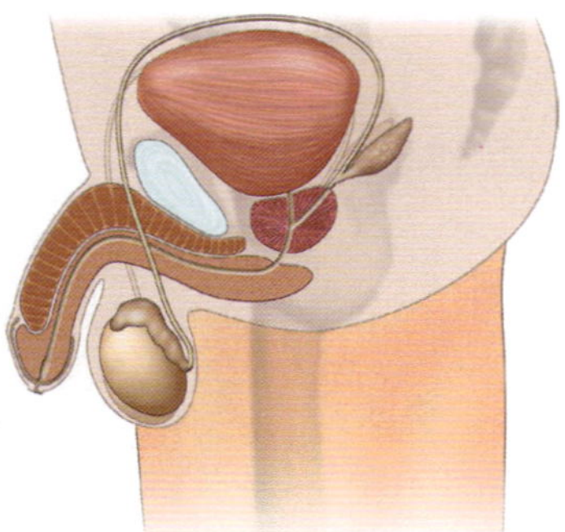

Testículos forman Espermatozoides

forman Óvulos

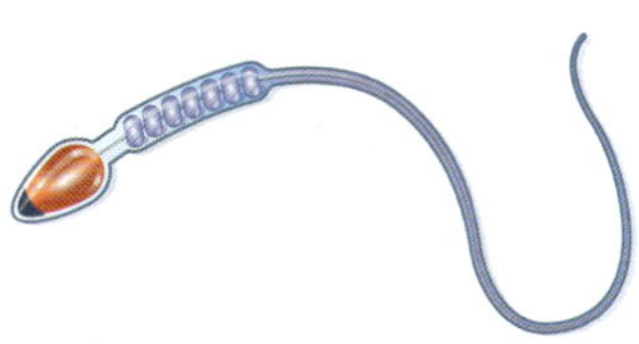

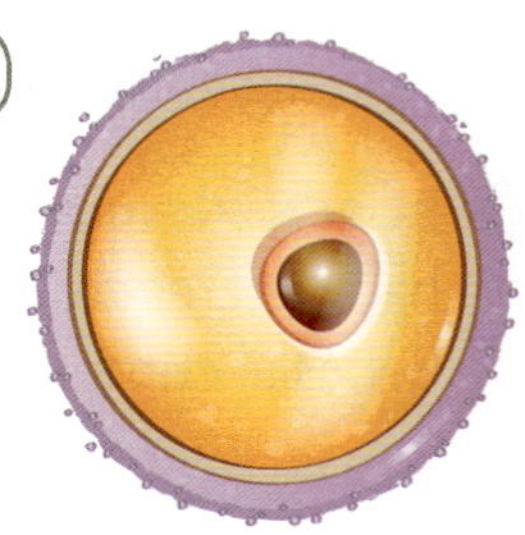

Espermatozoides se unen en la Fecundación

Óvulos se unen en la Fecundación

Fecundación que da lugar al

Caracteres sexuales secundarios

MUJER

Caracteres sexuales primarios

Aparato reproductor femenino

formado por

Vulva

Vagina

Útero

Trompas de Falopio

Ovarios

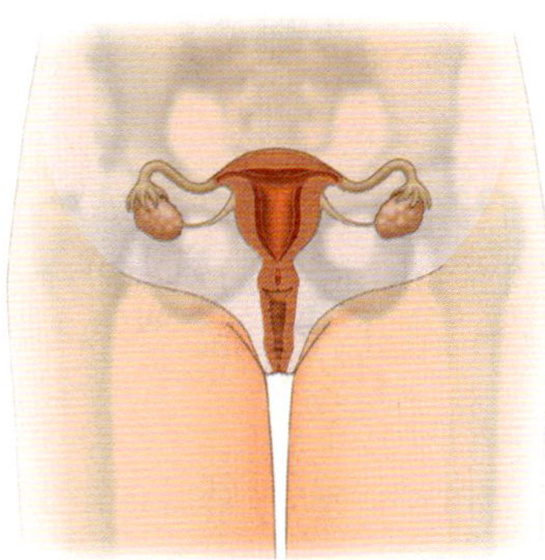

Embarazo que termina en el Parto

1 **Repasa** la unidad con este esquema. Después, por parejas, desarrollad la parte del embarazo y del parto.

2 **Deduce.** ¿En qué parte del esquema colocarías las siguientes palabras?

cordón umbilical · barba · cigoto · feto · desarrollo de mamas

3 **Explica** qué relación hay entre los aparatos reproductores masculino y femenino, y la fecundación.

4 **Compara.** Copia en tu cuaderno los dibujos de los aparatos reproductores femenino y masculino de esta doble página. Después, señala las partes que forman cada uno de ellos.

5 **Explica** las funciones del cordón umbilical y de la placenta.

6 **Reflexiona.** La leche materna es suficiente alimento para un bebé en los primeros meses de su desarrollo. Además de todos los nutrientes que el bebé necesita para crecer, ¿qué otros beneficios le proporciona?

Mi diario

1 He comprendido por qué es importante aprender a… Esto me sirve para…

2 Para aprender algo nuevo necesito…

3 Aprendo mejor en equipo cuando… porque …

4 ¿Me he puesto nervioso en algún momento de la unidad? Intento pensar por qué.

smMasSavia.com | Autoevaluación.

4 La salud

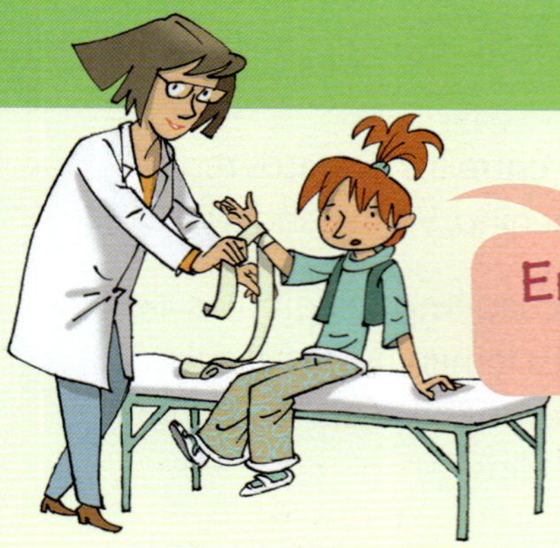

En esta unidad, vamos a:

Conocer los factores que influyen en la salud y los tipos de enfermedades.

¿Crees que la mala salud se hereda?

¿Podrías tener buena salud sin agua potable?

Comprender cómo cuidar nuestro cuerpo y qué cosas perjudican nuestra salud.

¿Crees que los auriculares los pudo inventar un médico?

Conocer los primeros auxilios y los avances de la ciencia que mejoran la salud.

¿Por qué soplamos cuando nos hacemos una herida? ¿Eso nos cura?

smMasSavia.com

Lo que ya sé.

Nos activamos

1 **INTERPRETA.** Juan ha llegado de clase con muchas ganas de tumbarse en el sofá.

a. ¿Qué crees que le pasa a Juan?

b. ¿Cuál puede ser la causa?

Comprendemos

Cuando estamos enfermos nos sentimos débiles, con dolor, y algunas veces tenemos fiebre. No estamos sanos.

¿Qué es la salud?

La **salud** es un estado de completo **bienestar físico, mental** y **social.**

Depende del estado físico, de los sentimientos y emociones, y de las relaciones con los demás.

Algunos **factores** que afectan a la salud son los siguientes:

- Las **características personales**, que se pueden transmitir de padres a hijos, como la miopía.
- El **entorno**. Nos afecta negativamente la escasez de agua y de alimentos, la contaminación, la violencia o el no tener acceso a la educación.
- El **estilo de vida.** Los hábitos saludables evitan infecciones, previenen accidentes y aportan lo que necesitamos.
- La **atención sanitaria.** Es más fácil estar sano si donde vives hay centros sanitarios y campañas de prevención y vacunación.

¿Qué es la enfermedad?

La **enfermedad** es la disminución o la pérdida de la salud. Existen distintos tipos de enfermedades:

- **Enfermedades infecciosas.** Son causadas, principalmente, por agentes infecciosos. Estos agentes pueden ser virus, bacterias, hongos o protozoos.

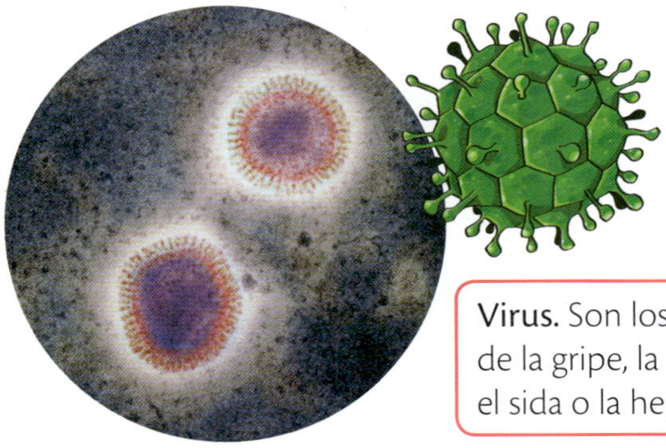

Virus. Son los causantes de la gripe, la rubeola, el sida o la hepatitis.

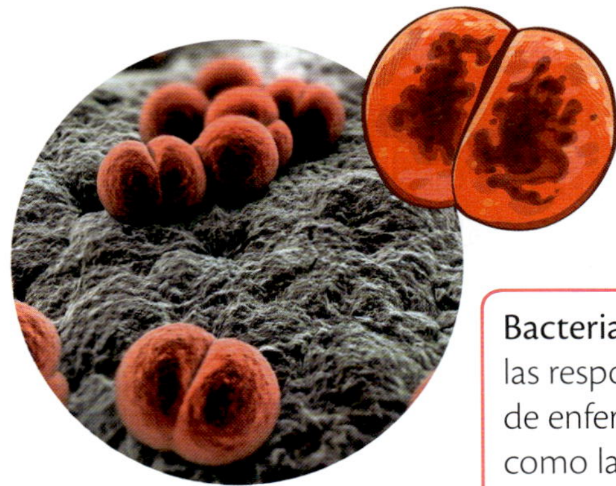

Bacterias. Son las responsables de enfermedades como la meningitis o el tétanos.

Hongos. Provocan el pie de atleta y algunas dermatitis.

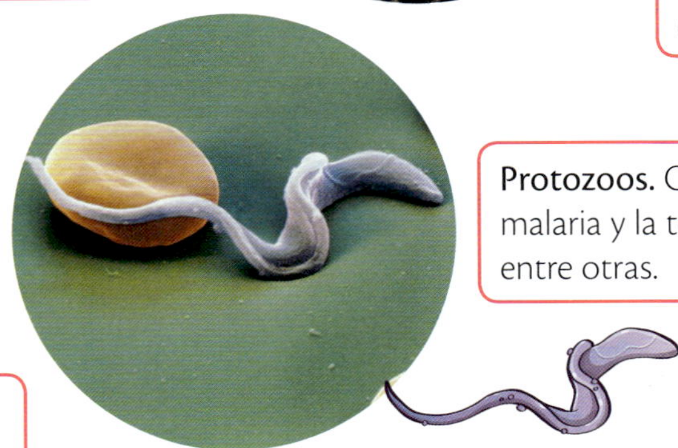

Protozoos. Originan la malaria y la toxoplasmosis, entre otras.

- **Enfermedades no infecciosas.** Están causadas por un mal funcionamiento de los órganos de nuestro cuerpo, como ocurre con la diabetes, originada por problemas en el páncreas.

Las enfermedades también pueden estar causadas por la influencia del entorno en el que vivimos, como carencias económicas, de afecto, de educación o de seguridad.

La anorexia es una enfermedad que afecta al comportamiento. Consiste en que, para estar delgada, la persona afectada no come lo necesario y acaba perdiendo la salud.

- La salud es un estado de bienestar físico, mental y social, y la enfermedad es la carencia de salud.
- Las enfermedades pueden ser infecciosas y no infecciosas.

Aplicamos

2 APLICA. Piensa en tres enfermedades que hayas padecido.

a. ¿Eran infecciosas? ¿Cuál era el agente causante?

b. Indica las medidas que tomaste para mejorar.

smMasSavia.com

¿Qué sabes sobre las bacterias?

Nos activamos

1 **HAZ UNA ENCUESTA.** Los **hábitos saludables** son comportamientos que ayudan a estar sano. ¿Cuáles de estos hábitos practicas?

- **Dormir** entre ocho y diez horas diarias.
- **Comer cinco veces al día.**
- Escuchar música a un **volumen adecuado**.
- **Cuidar tu postura** cuando estás sentado.
- Realizar **ejercicio físico** adecuado.
- **Proteger del sol** tu piel mediante cremas solares.

Comprendemos

En gran medida, tu salud depende de ti. Existen comportamientos o hábitos que ayudan a que estés sano. Estos **hábitos saludables** reducen el riesgo de accidentes y enfermedades.

Los hábitos saludables

Además de los hábitos anteriores, ¿qué otros comportamientos nos ayudan a estar sanos?

La alimentación equilibrada

Una dieta equilibrada debe incluir abundante agua y muchas verduras, frutas y alimentos ricos en fibra. Además, se debe reducir el consumo de grasas, sal y productos azucarados.

La higiene y la limpieza

Lavarse las manos antes de comer evita la entrada de agentes infecciosos. También la limpieza del cuerpo, de la casa y de la ropa impide el crecimiento de estos microorganismos.

La actividad física

Practicar algún deporte es fundamental para fortalecer nuestros huesos y facilitar el buen funcionamiento de todos los órganos.

Las relaciones sociales

Tener amigos y conservarlos, aceptarnos como somos y convivir con los que nos rodean nos hace sentir bien y favorece nuestra salud.

Otros hábitos para prevenir enfermedades

Además de los hábitos saludables que ya conoces, existen otros comportamientos que nos ayudan a prevenir algunas enfermedades.

smMasSavia.com

¿Cómo cuidamos nuestro cuerpo?

Evitar lesiones. Muchas de las lesiones que sufrimos pueden evitarse si tomamos precauciones. Por ejemplo, antes de hacer deporte debemos calentar los músculos.

Las revisiones médicas y la vacunación. El médico debe controlar nuestra salud y debemos vacunarnos para prevenir ciertas enfermedades infecciosas, como el sarampión, la varicela, la meningitis o la polio.

Prevenir accidentes. En la calle debemos respetar las normas de circulación, y en casa tenemos que ser prudentes al usar herramientas cortantes o aparatos eléctricos.

Evitar factores de riesgo. Ingerir sustancias tóxicas, como el **alcohol**, el **tabaco** o las **drogas**, produce graves daños en nuestro organismo.

2 Escribe tres hábitos saludables que realices en tu vida cotidiana.

Los **hábitos saludables** son comportamientos que nos ayudan a mantenernos sanos.

Aplicamos

3 **Reflexiona** e indica qué hábitos debes mejorar para seguir sano. ¿Cómo te propones conseguirlo?

4 **Relaciona.** Pide a tus padres tu cartilla de vacunación y analízala.

a. ¿Frente a qué enfermedades estás protegido?

b. ¿Qué vacunas te tienes que poner aún? ¿A qué edad?

5 **Prepara la tarea.** Busca información sobre una o dos enfermedades o alteraciones relacionadas con la nutrición. Investiga la causa de la alteración, sus síntomas y las soluciones para combatirla.

Taller

Nos activamos

1 **AVERIGUA.** Un investigador ha preparado el siguiente montaje y ha dejado que la botella vaya "fumando" un cigarrillo.

a. ¿Cómo crees que estará el algodón al final del experimento?

b. ¿Con qué órganos del aparato respiratorio se corresponde el algodón?

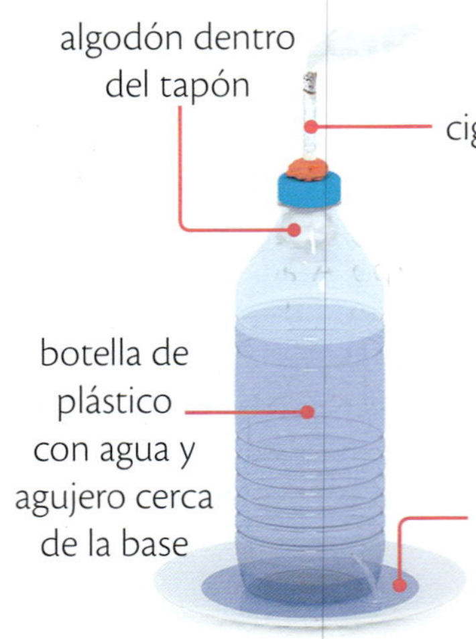

Comprendemos

Fumar es muy dañino para la salud. Además, existen otros hábitos que también son peligrosos.

Las drogas

Las drogas son sustancias químicas que influyen en la voluntad de las personas que las consumen y hacen que se vuelvan adictas o dependientes; es decir, que necesiten tomar esas sustancias para sentirse bien.

El tabaco

Contiene **nicotina**, que provoca **dependencia**. Por eso resulta difícil dejar de fumar.

Contiene alquitrán, arsénico y amoniaco, sustancias que pueden provocar cáncer.

También daña a las personas no fumadoras que respiran el humo.

Envejece la piel, amarillea los dientes y causa mal aliento.

El alcohol

Es la droga más consumida en el mundo y también provoca **dependencia**.

Produce intoxicación etílica e incluso la muerte.

La mitad de los accidentes de tráfico están provocados por el consumo de alcohol.

Los efectos son mayores en los jóvenes, porque están creciendo. Sin embargo, su consumo entre ellos aumenta, ya que tienen poca conciencia de lo **peligroso** que es.

El abuso de las nuevas tecnologías

Las videoconsolas, las redes sociales o los móviles, utilizados con moderación, pueden divertirnos, facilitar las relaciones y el acceso a la información. Sin embargo, sin **autocontrol,** su uso puede provocar adicción y convertirse en una dependencia.

Efecto de las adicciones sobre el organismo

Algunas **drogas**, como la cocaína o la heroína, llegan a la sangre, que las lleva a distintas partes del cuerpo. **Atacan al cerebro** y perjudican a la persona, a su familia y a sus relaciones personales. En muchas ocasiones el individuo es incapaz de estudiar o trabajar.

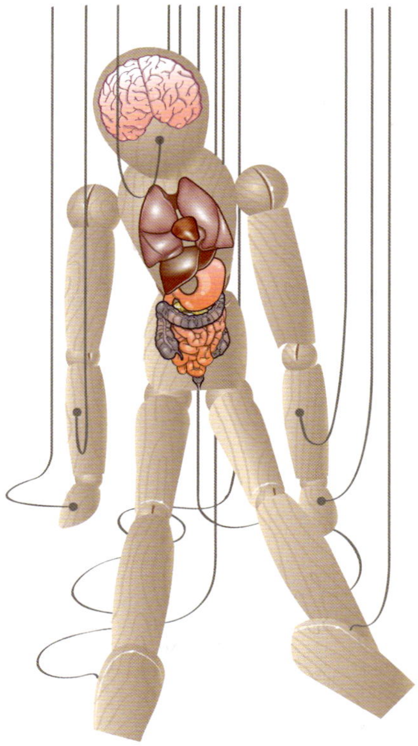

La **nicotina** pasa a la sangre y provoca la aceleración del ritmo cardiaco y la falta de oxígeno.

El tabaco puede provocar **cáncer de pulmón** y **enfermedades del corazón**.

El **alcohol** se absorbe en el intestino delgado y pasa a la sangre, que lo transporta a todos los órganos.

A su paso, el alcohol va **dañando** al **estómago**, al **cerebro** y, sobre todo, al **hígado**.

Invertir demasiado tiempo en las **tecnologías** supone **aislarse** de las relaciones con la familia y del contacto directo con los amigos, y además disminuye la actividad física.

TRABAJAMOS LA COMPRENSIÓN LECTORA

2 **RELACIONA SIGNIFICADOS.** ¿Qué quiere decir "invertir demasiado tiempo en las tecnologías"? Pon un ejemplo.

3 **FÍJATE EN LO QUE DICE EL TEXTO.** Si el alcohol se bebe, ¿cómo es posible que llegue al cerebro?

4 **FÍJATE EN LA FORMA DEL TEXTO.** La ilustración muestra una marioneta cuyos hilos están unidos a las distintas adicciones. ¿Qué crees que ha querido decir el autor con esa ilustración?

Las **drogas,** como el **tabaco** y el **alcohol,** y la **adicción a las nuevas tecnologías** perjudican a nuestra salud.

Aplicamos

5 **EXPLICA** la siguiente afirmación:

En los países desarrollados, el primer factor de riesgo de enfermedades es el tabaco, y el segundo es el alcohol.

6 **VALORA.** ¿Qué causa la adicción a las tecnologías? I G

- Facilita el acceso a la información.
- Nos aísla de amigos y familiares.
- Disminuye nuestra actividad física.

Taller — Nos activamos

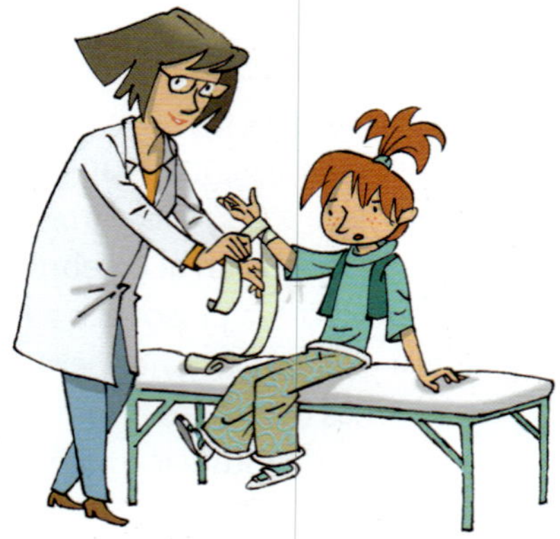

1 **PRACTICA** cómo hacer un vendaje.

A veces, al tropezar o al caernos, nos torcemos la muñeca o el tobillo.

Si es grave, debemos ir inmediatamente al servicio de urgencias. Si es leve, podemos vendar la zona afectada antes de ir al médico.

Para un número de pie de entre el 35 y el 39, el vendaje del tobillo requiere una venda de 5 a 6 centímetros de ancho. Para la muñeca, la venda puede ser un poco más estrecha.

Practica paso a paso vendando la muñeca o el tobillo de tu compañero y, después, intercambiad los papeles.

No aprietes demasiado, pero tampoco dejes la venda muy floja porque no serviría de nada.

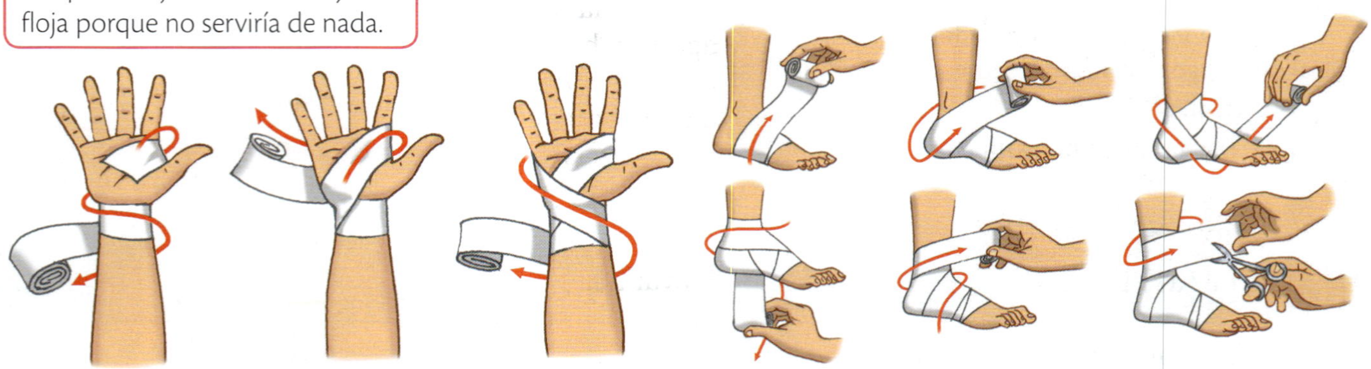

Vendaje de muñeca — Vendaje de tobillo

a. Antes de poner el vendaje, ¿qué actuaciones de primeros auxilios deberías realizar?

b. ¿Qué crees que ocurriría si el vendaje estuviera demasiado apretado? ¿A qué órganos afectaría?

Comprendemos

Aunque seamos cuidadosos, a veces sufrimos accidentes. Por eso debemos saber qué hacer ante los accidentes más comunes que pueden suceder en casa, en la calle o en el colegio.

smMasSavia.com

Aprende nociones básicas de primeros auxilios mediante este juego.

Los primeros auxilios

El cartel de la página siguiente recoge algunas **actuaciones básicas** frente a los **accidentes leves** más frecuentes. Se trata de recomendaciones que sirven para aliviar el dolor y evitar que el daño producido sea mayor. Si los accidentes son graves, debemos acudir al centro de salud.

2 **Escribe tres precauciones que debes tomar para evitar accidentes cuando vas en bicicleta o con patines.**

Heridas leves

1. Lavarse las manos con agua y jabón.
2. Lavar la herida con abundante agua.
3. Limpiar la herida quitando la suciedad desde el centro de la herida hacia fuera.
4. Cubrir la herida con una tirita o una gasa estéril.

Golpes y torceduras

1. Aplicar frío en la zona dañada.
2. Levantar la extremidad afectada.
3. No mover la articulación afectada.

Insolación

1. Colocar a la persona en un lugar fresco en posición medio incorporada.
2. Aflojar la ropa que oprime.
3. Refrescar con agua fría la cara y la cabeza.
4. Darle de beber agua o una bebida isotónica.

Quemaduras leves

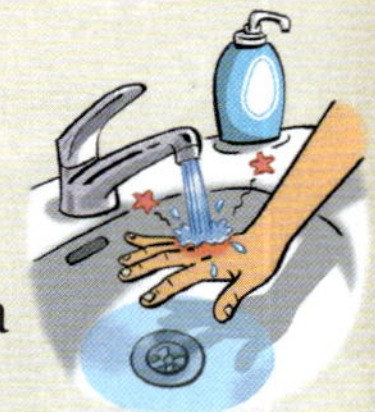

1. Poner la zona afectada debajo del grifo con agua fría durante unos diez minutos.
2. Tapar la zona quemada con una gasa estéril.
3. En caso de quemadura solar, se puede aplicar crema hidratante.

Picaduras de insectos

1. Extraer el aguijón con unas pinzas, siempre que se pueda llegar a él.
2. Limpiar la herida con agua y jabón.
3. Aplicar frío, amoníaco o un producto antipicaduras.

Pérdida del conocimiento

1. Llevar a la persona afectada a un lugar en el que el aire sea limpio.
2. Aflojar la ropa que oprime.
3. Tumbar a la persona con las piernas elevadas.

Los **primeros auxilios** son actuaciones sencillas que se realizan después de un accidente para **aliviar el dolor** y evitar que se agrave el daño producido.

Aplicamos

3 **ANALIZA.** ¿Qué accidentes leves recuerdas haber sufrido? Explica qué hiciste cuando ocurrieron. ¿Actuaste correctamente? ¿Qué harías ahora?

4 **INVESTIGA.** En ocasiones, si el accidente es grave, los primeros auxilios no son suficientes. ¿A qué número de teléfono debemos llamar si hay una emergencia?

Nos activamos

1 INTERPRETA GRÁFICOS. La esperanza de vida es la cantidad de años que, en general, se espera que viva una persona.

a. ¿Qué esperanza de vida había en el año 1945? Traza una línea vertical desde el eje de los años hasta que corte la curva y, desde ahí, traza otra línea horizontal que llegue hasta el eje de la esperanza de vida.

b. Fíjate en la flecha roja. ¿Cómo ha sido la evolución general? ¿A qué se debe?

c. ¿La esperanza de vida es mayor en las mujeres o en los hombres? ¿Cuál puede ser la causa de esa diferencia?

Evolución de la esperanza de vida en España

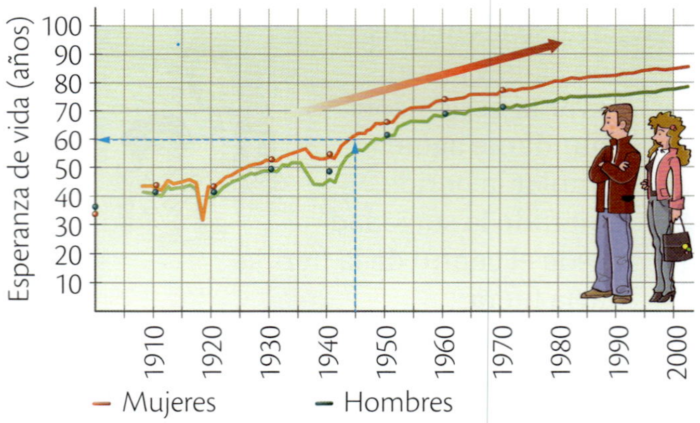

Comprendemos

El aumento de la esperanza de vida se debe a los avances en el desarrollo de la tecnología, fundamentalmente en los campos de la **alimentación** y la **medicina**.

Avances en la alimentación

Los avances en la higiene de los alimentos y del agua han sido decisivos para que estemos más sanos.

- **Los alimentos.** Para evitar que los alimentos se estropeen y que, al consumirlos, puedan hacernos daño, se usan distintas técnicas de conservación.

  Algunas técnicas de conservación son antiguas, como la **salazón** y la **conservación en vinagre,** y otras son más recientes, como la **ultracongelación,** el **envasado al vacío** y el uso de **aditivos conservantes.**

  Además, las etiquetas de los alimentos envasados nos informan de su composición, de la **fecha de consumo preferente** y, en su caso, de la **fecha de caducidad.**

- **El agua potable.** El agua que llega hasta nuestras casas ha sido sometida a un largo proceso para que podamos beberla sin riesgo de contraer enfermedades. Este proceso consta de distintas fases y se llama **potabilización.**

La potabilización del agua

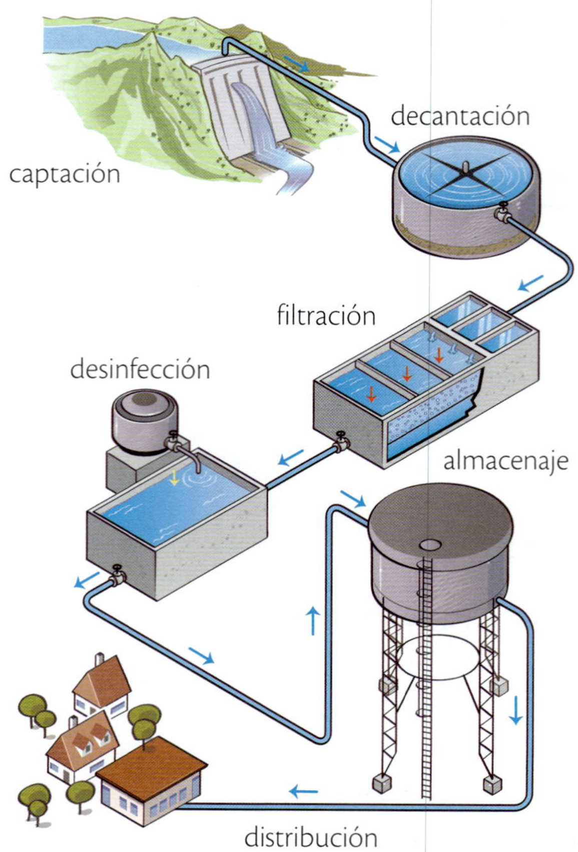

Avances en la medicina

Gracias a los avances médicos se pueden **prevenir** numerosas enfermedades, **diagnosticarlas** de manera temprana y **tratarlas** con eficacia.

Vacunas

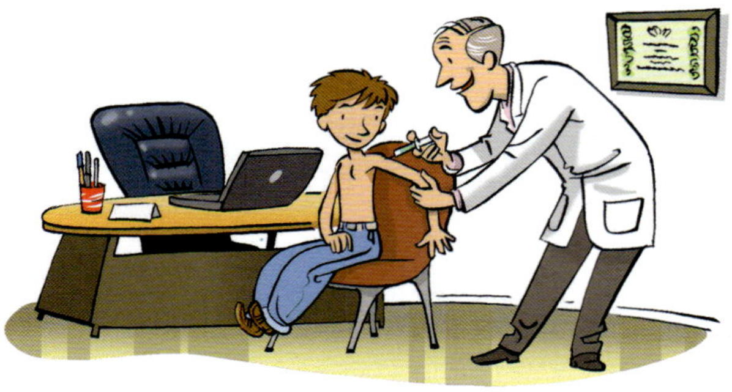

Las vacunas han permitido **erradicar** graves enfermedades, como la viruela. Además, ayudan a **prevenir** numerosas enfermedades infecciosas, como la gripe, la varicela y el sarampión.

Técnicas diagnósticas

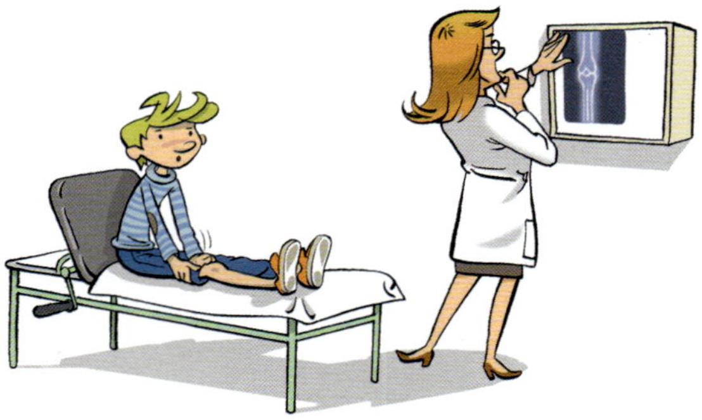

Técnicas como los **análisis clínicos** permiten diagnosticar antes las enfermedades. Algunas, como las **radiografías**, las **ecografías** y los **escáneres**, ofrecen imágenes del interior del organismo.

Medicinas

Los **antibióticos,** como la penicilina descubierta por Alexander Fleming, y los **antitérmicos** para bajar la fiebre han ayudado a curar o a aliviar los síntomas de muchas enfermedades.

Técnicas quirúrgicas

La **anestesia** y nuevas técnicas, como la **cirugía con láser**, los **trasplantes** o los **implantes**, han supuesto un gran avance en el tratamiento de algunas enfermedades.

- La **esperanza de vida** ha aumentado en los últimos años.
- Los **avances técnicos y científicos** han contribuido a mejorar nuestra salud.

Aplicamos

2 **INVESTIGA** la diferencia entre fecha de consumo preferente y fecha de caducidad de los alimentos.

COMPROBAMOS LO APRENDIDO

LA SALUD

- depende de:
  - Entorno
  - Estilo de vida
  - Características personales
  - Acceso a asistencia sanitaria

- se ve afectada por
- se conserva gracias a **Hábitos saludables**
  - como:
    - Alimentación equilibrada
    - Actividad física
    - Higiene y limpieza
    - Relaciones sociales
    - Revisiones médicas y vacunación
    - Prevención de accidentes
    - Evitar factores de riesgo

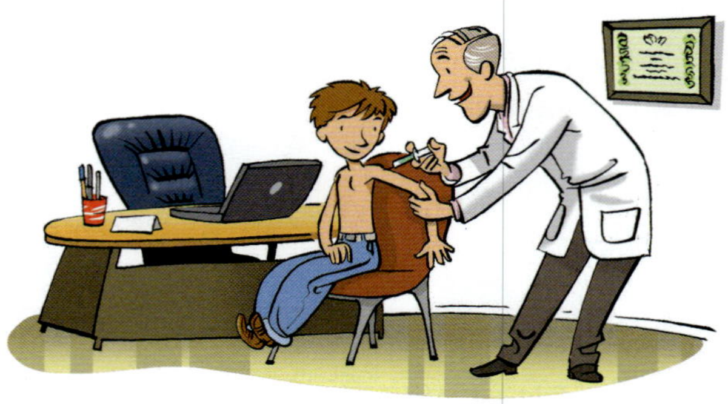

- **Enfermedades** que pueden ser
  - Infecciosas
  - No infecciosas

- **Factores de riesgo** que son
  - Drogas, como
    - Tabaco
    - Alcohol
  - Abuso de las nuevas tecnologías

- **Accidentes** atendidos mediante
  - Primeros auxilios

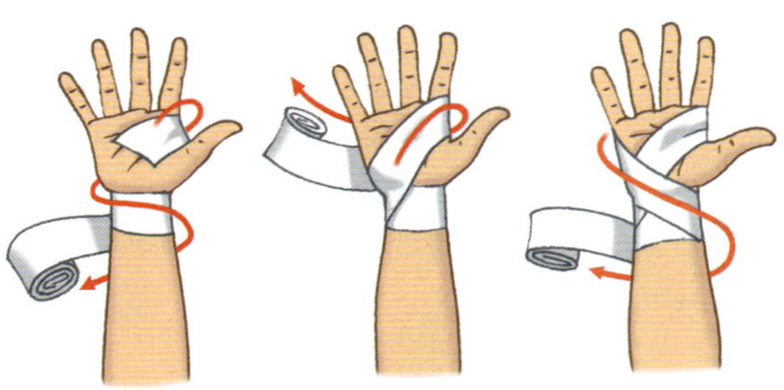

1. **Repasa** la unidad con este esquema. Después, explica por qué es malo consumir drogas.
2. **Escribe** un resumen sobre los factores que influyen en la salud.
3. **Elige** uno de los hábitos saludables del esquema y, entre todos, explicad con una lluvia de ideas cómo beneficia a nuestra salud.
4. **Aplica.** ¿Dónde incluirías en el esquema las siguientes palabras?
   - Virus
   - Bacterias
   - Hongos
   - Protozoos
5. **Completa.** En tu cuaderno, añade en el esquema cómo afectan a la salud los avances científicos.
6. **Aplica.** ¿Cómo ayudarías a un amigo que, al caerse al suelo, se ha raspado la rodilla y se ha hecho daño en la muñeca?
7. **Comprende.** ¿Qué significa que una persona se ha vuelto adicta a una sustancia?
8. **Explica.** Escribe tres razones que darías a un fumador para que abandonase ese hábito.

Mi diario

1. Con la ayuda de… he conseguido…
2. ¿Qué he aprendido hoy que me parece maravilloso?
3. He aprendido la importancia de tener unos hábitos de vida saludables. Y ahora sé que para mejorar mi salud yo puedo…
4. Pienso y escribo una cosa nueva que he hecho hoy por primera vez.

smMasSavia.com | Autoevaluación.

MEJORA TU SALUD

Tú, tu equipo y el resto de la clase tenéis una importante misión: dar a conocer la necesidad de incorporar hábitos saludables a la vida diaria.

¡Salud para todos!

¿Tenéis los compañeros del colegio hábitos saludables? Para averiguarlo haz una encuesta con los miembros de tu equipo.

PASO 1 Elabora una lista con hábitos saludables. Después, añade posibles respuestas. Fíjate en el ejemplo.

- ¿Haces ejercicio físico? ☐ **No** ☐ **Varias veces por semana**
- ¿Qué meriendas? ☐ **Nada** ☐ **Bollería** ☐ **Bocadillo, fruta o lácteos**
- ¿Cuántas veces te lavas los dientes al día? ☐ **Nunca** ☐ **1 vez** ☐ **2-4 veces**
- ¿Cuántas horas duermes cada noche? ☐ **Menos de 7 horas** ☐ **8 horas o más**

PASO 2 Haz diagramas de barras con los resultados que obtengáis. Fíjate en el ejemplo.

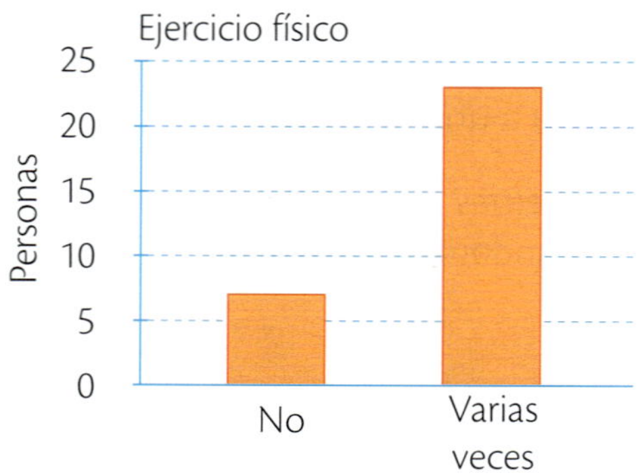

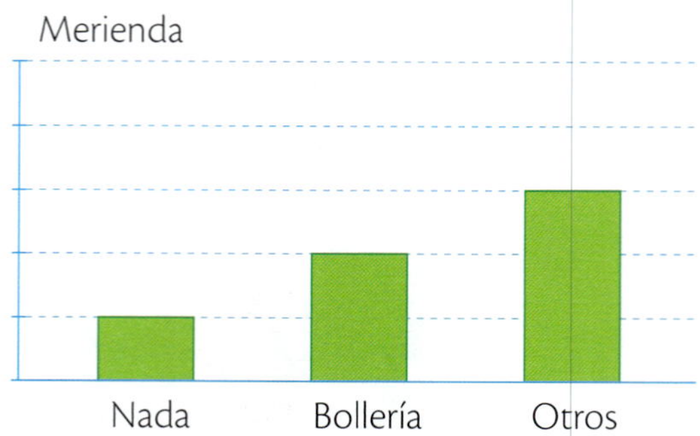

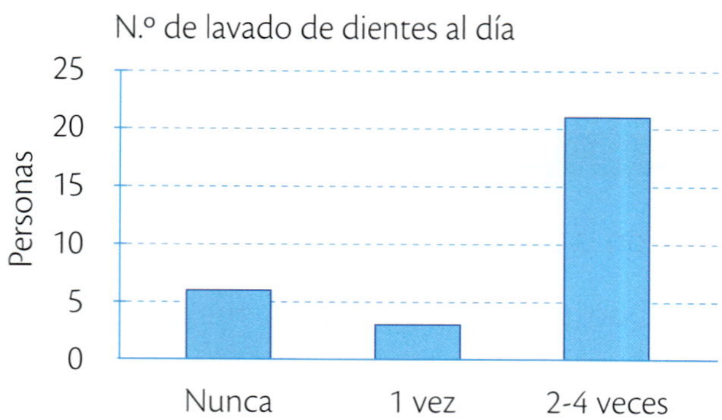

¿Crees que en tu colegio tenéis hábitos saludables?

PASO 3 Según los resultados de la encuesta, ¿qué hábitos se deben mejorar? Escribid tarjetas con recomendaciones para mejorar los hábitos y repartidlas a la hora del recreo.

TAREA FINAL

Reporteros de la salud

En tu clase vais a preparar una revista de salud. Cada equipo preparará una o dos páginas de la revista.

PASO 1 Decidid entre todos los equipos el nombre de la revista y las secciones que tendrá. Después, asignad las secciones a cada equipo:

- Entrevistas a expertos (pueden ser imaginarios)
- Curiosidades
- Resultados de la encuesta sobre los hábitos saludables de los compañeros
- Recomendaciones
- Experiencias personales
- Pasatiempos

PASO 2 Recopila la información sobre el tema relacionado con la salud que elegiste con tu equipo.

PASO 3 Para elaborar vuestra sección con toda la información recogida, distribuid el trabajo entre todos los compañeros del equipo. Unos se encargarán de redactar la sección. Otros incorporarán dibujos o fotografías.

PASO 4 Reunid el trabajo que ha elaborado cada equipo, ordenadlo y fotocopiadlo. Después, podéis encuadernarlo o graparlo.

¡No olvidéis elaborar una portada atractiva para vuestra revista!

PASO 5 Repartid vuestra revista para concienciar a los compañeros de la importancia de tener hábitos saludables.

Mi diario

1. Escribo una cosa que he descubierto haciendo esta tarea.
2. Durante la tarea, lo que mejor he hecho ha sido…
3. Cuento una cosa que ha ocurrido en el equipo y que me ha hecho sentir bien.

¿QUÉ SABÍA, QUÉ SÉ?

Ahora que ya has aprendido mucho sobre el cuerpo humano, compara este esquema con lo que sabías antes.

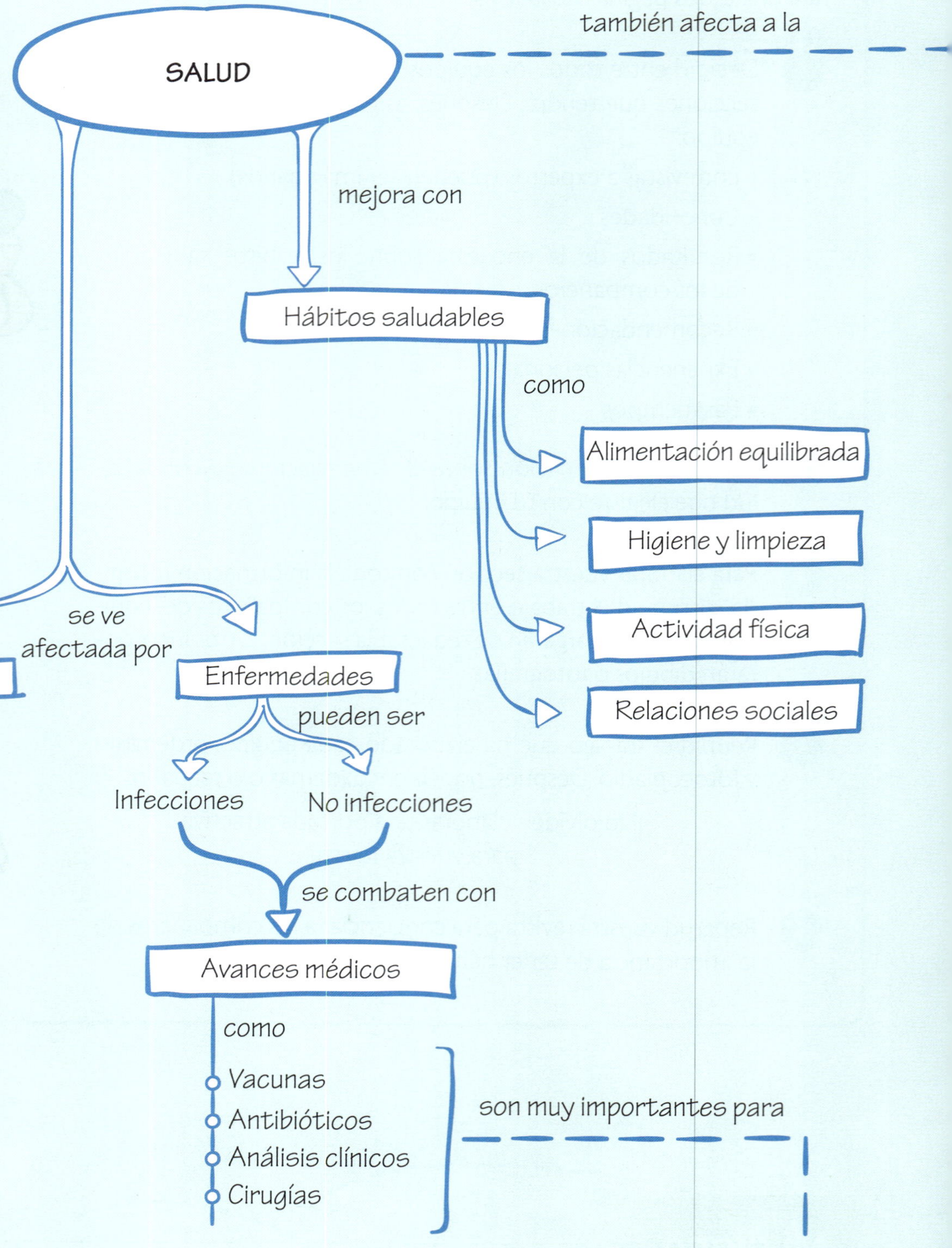

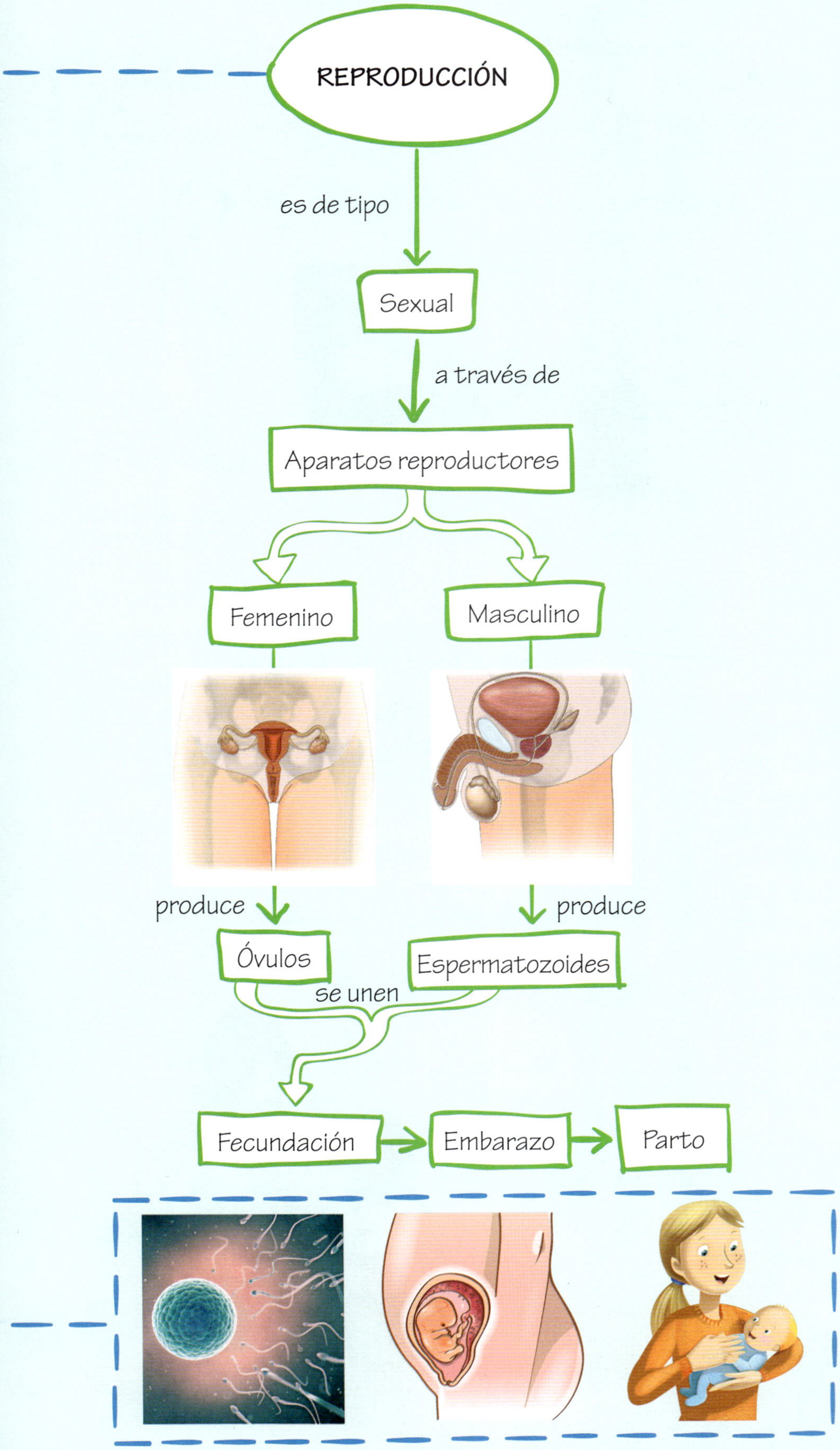

El ser humano y la salud

1 ¿Cómo se llaman las siguientes células? ¿Cuál es su función?

a b

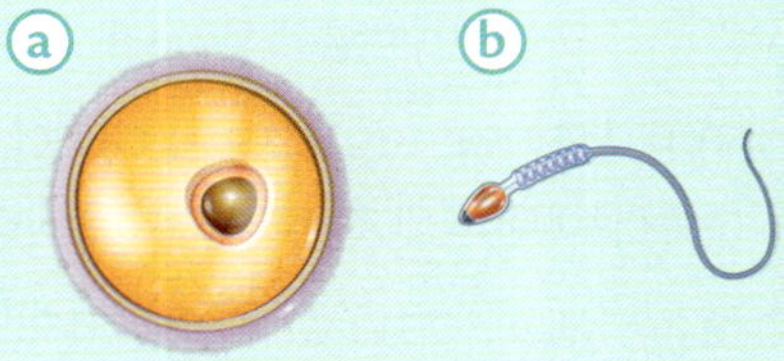

2 ¿Dónde colocarías estas palabras en el esquema?

dilatación expulsión alumbramiento

3 Explica con ayuda del esquema la importancia de tener hábitos saludables.

4 Pregunta a tus padres:

a. ¿Qué vacunas te han puesto? ¿A qué edad?

b. ¿Has tomado antibióticos alguna vez? ¿Por qué te los recetó el médico?

c. ¿Te han hecho alguna vez una radiografía? ¿De qué parte del cuerpo? Explica por qué te la hicieron.

5 Completa el esquema con las etapas de la vida.

AMPLÍA tu mirada

¿Por qué se llama *cesárea*?

La cesárea es una intervención quirúrgica que se realiza cuando los médicos consideran que el parto puede suponer riesgos para la salud de la madre o del bebé.

Existen distintas teorías acerca del origen del nombre. Una de ellas es que esta operación se denomina *cesárea* porque el emperador Julio César nació de este modo en el año 100 a. C.

En la antigua Roma ya se practicaban este tipo de intervenciones cuando fallecía una mujer en avanzado estado de gestación. Así, al menos, se salvaba la vida del bebé.

El primer registro de una cesárea realizada a una mujer viva es del año 1500, en Alemania. Se cree que Jakob Nufer, al ver las dificultades que su mujer tenía para dar a luz, le practicó una cesárea. En aquella época, la mortalidad era muy alta debido a hemorragias e infecciones. En la actualidad, es una intervención sin apenas riesgo.

¿Cuáles son los aparatos reproductores?

Calcetines apestosos

¿Cómo puede ser que los calcetines huelan tan mal solo por nuestro sudor? ¿Estaremos rancios por dentro? No te preocupes, tu cuerpo está perfectamente. Lo que ocurre es que los pies son la parte más sudorosa del cuerpo humano. ¡Cada pie contiene miles de glándulas sudoríparas que, en dos días, pueden producir casi un litro de agua! A las bacterias que hay en nuestra piel les encanta el sudor y son las que provocan ese olor pestilente.

¿La solución? Mantener limpios nuestros pies para evitar que una buena tropa de bacterias se instale cómodamente en ellos.

¿Por qué es tan importante la higiene?

¡Todos tenemos ombligo!

Si nos vemos la barriga descubrimos el ombligo, la cicatriz que ha quedado donde el cordón umbilical estaba unido a nuestro cuerpo.

Un equipo de investigadores estadounidenses ha estudiado el ombligo y ha descubierto que en sus pliegues pueden vivir más de dos mil especies diferentes de microorganismos.

¿Qué relación hay entre la placenta y el cordón umbilical?

Un cordón de vida

El cordón umbilical está formado por arterias y venas. Permite el intercambio de oxígeno y sustancias nutritivas entre la madre y el feto. Pero este cordón no es solo de gran importancia durante los nueve meses de embarazo. En las últimas décadas se ha descubierto que la sangre del cordón umbilical contiene células madre. Este tipo de células son capaces de generar una gran variedad de tejidos: piel, músculos, huesos y órganos.

En la actualidad, se realizan numerosas investigaciones a partir de células madre para intentar conseguir el tratamiento de diversas enfermedades.

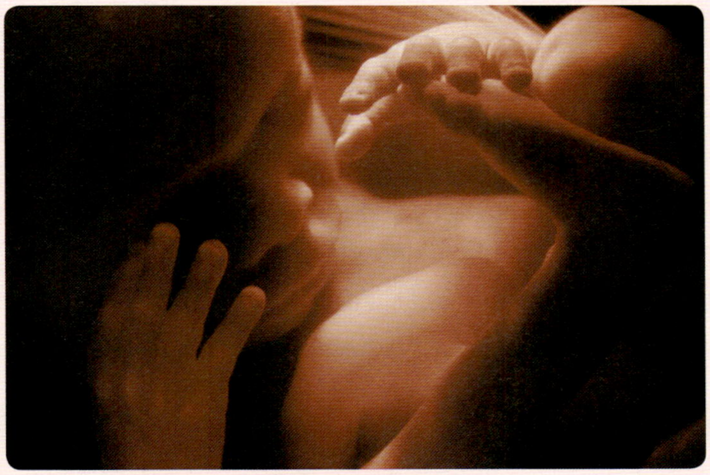

¿Cuál es la función del cordón umbilical?

La primera vacuna

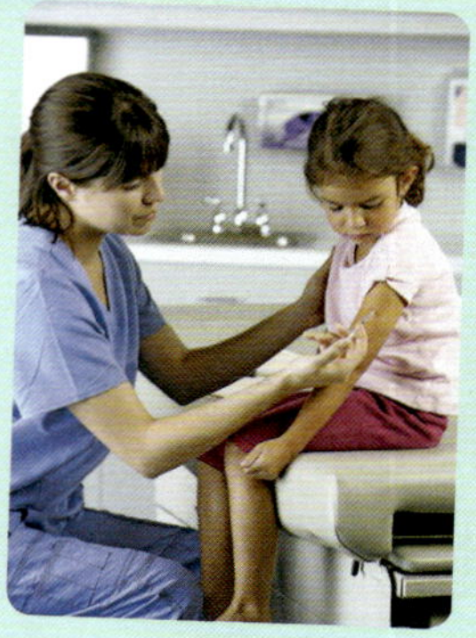

La primera vacuna fue descubierta en 1796 por el médico inglés Edward Jenner.

Jenner estudiaba la viruela humana, una grave enfermedad infecciosa muy contagiosa causada por un virus. Observó que las personas quedaban protegidas frente a esa enfermedad si se les introducía en el organismo un preparado con el agente que producía la misma enfermedad en las vacas. Por esa razón, estos preparados se llaman *vacunas*.

¿Qué otros avances médicos conoces?

¿Qué pasa con mis bacterias?

Aunque no las veamos, se estima que viven cientos de millones de bacterias por todo nuestro cuerpo, desde la parte más externa, como es la piel, hasta el intestino.

Algunas bacterias causan infecciones, mientras que otras cumplen una función beneficiosa para nuestro organismo: pueden ayudarnos a destruir intrusos o a que aprovechemos mejor los alimentos que comemos.

Un ejemplo de este último tipo son las bacterias que viven en nuestro intestino y que forman la llamada flora intestinal. La flora intestinal es esencial para la absorción de algunos nutrientes. Aunque parezca imposible, la desaparición de estos seres vivos podría ocasionarnos enfermedades.

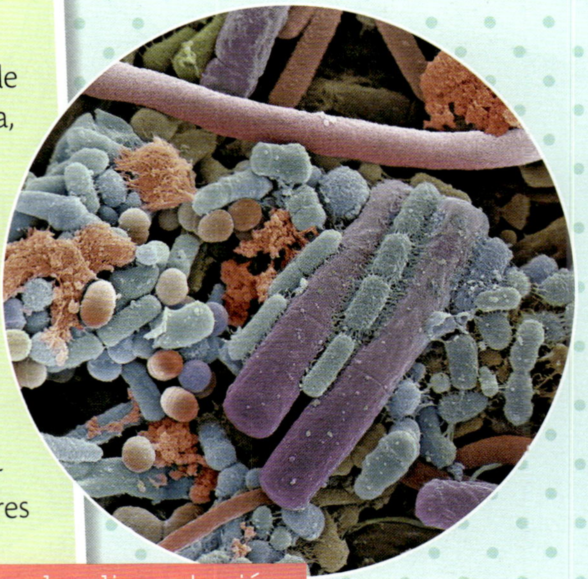

¿Qué hábitos de alimentación saludable conoces?

Materia y energía. Máquinas

1 Empezamos

Alicia se ha quedado dormida leyendo un libro sobre el universo y ha soñado con este grupo de científicos. Investiga quiénes son.

¡Ponte a pensar! Fíjate en lo que dice cada personaje. ¿Hay algún invento que conozcas? ¿Para qué sirve?

2 ¡Sabes más de lo que crees!

a. Observa la imagen y localiza un instrumento para medir la densidad, un cambio químico y un invento que genera electricidad.

b. ¿Podrías también identificar a Antoine Lavoisier? ¿En qué te basas para saber que es él?

3 Sigue haciéndote preguntas

- ¿Para qué puede ser útil medir la densidad de los objetos?
- ¿Puede obtenerse electricidad a partir del movimiento?
- ¿Qué máquinas hay en tu casa que no existían hace treinta años?

TAREA FINAL

Mejora tu futuro

Al final del bloque diseñarás tu casa ideal del futuro, que respetará el medioambiente y ayudará a las personas a vivir mejor.

5 La materia

En esta unidad, vamos a:

Entender la utilidad de los materiales según sus propiedades.

¿Por qué no utilizamos martillos de cristal?

Realizar experiencias para separar los componentes de una mezcla.

¿Cómo separarías la sal del agua del mar?

Conocer los cambios que experimenta la materia.

Cuando se derrite la mantequilla, ¿sigue siendo mantequilla? ¿Por qué se derrite?

Cuando se oxida el hierro, ¿qué se forma?

smMasSavia.com

Lo que ya sé.

Taller — Nos activamos

1 **EXPERIMENTA** Coloca en una báscula tres bloques del mismo tamaño, pero de diferente materia, como el corcho, la madera y el metal. ¿Tienen todos la misma masa?

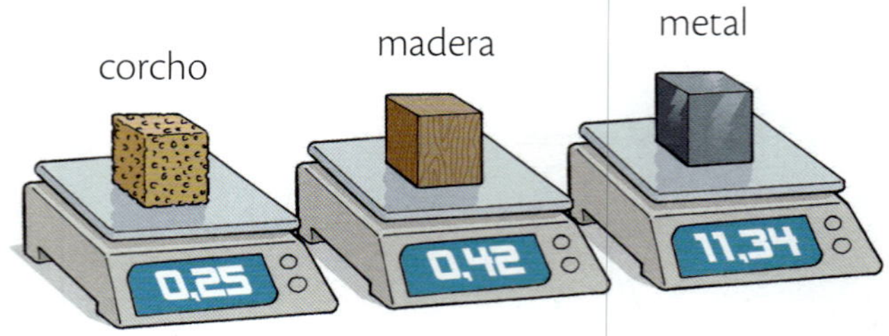

A continuación, mete los bloques en tres vasos con la misma cantidad de agua.

- ¿Por qué se hunde el bloque de metal si los tres tienen el mismo tamaño?

Comprendemos

Todo lo que nos rodea, desde el aire que respiramos hasta los bloques de corcho, madera y metal, tiene **masa** y ocupa un espacio o **volumen**. Por eso decimos que está formado por materia.

Propiedades generales de la materia

La masa y el volumen son propiedades de la materia.

- La **masa** es la cantidad de materia que tiene un cuerpo. Se mide en kilogramos (kg) y en gramos (g): 1 kg = 1000 g.
- El **volumen** es el espacio que ocupa un cuerpo. Se mide en litros (L) y en mililitros (mL): 1 L = 1000 mL.

Propiedades específicas de la materia

El corcho, la madera y el metal son materia porque tienen masa y ocupan un volumen. Pero son distintos, pues poseen propiedades diferentes. Estas propiedades reciben el nombre de **propiedades específicas**.

PROPIEDADES ESPECÍFICAS

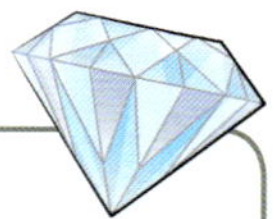

Dureza

Se dice que la materia es dura cuando resulta difícil de rayar.

Densidad

Es la relación entre la masa y el volumen de un cuerpo.

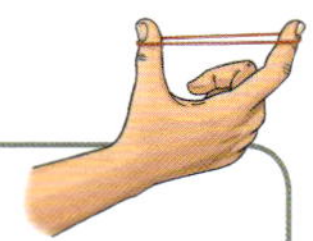

Elasticidad

La materia es elástica si recupera su forma inicial después de aplicar una fuerza sobre ella.

Fragilidad

Es la propiedad que tiene la materia cuando se rompe con facilidad.

Conductor eléctrico

La materia es conductora cuando permite el paso de la corriente eléctrica.

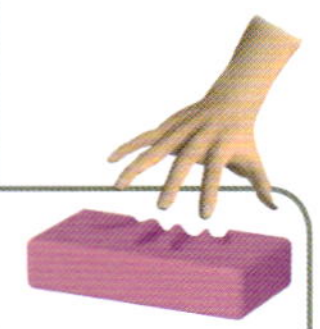

Plasticidad

La materia es plástica si no recupera su forma inicial después de aplicar una fuerza sobre ella.

Opacidad o transparencia

La materia es opaca cuando impide que pase la luz. Si deja pasar la luz es transparente.

La densidad, una propiedad muy característica

Los bloques A y B del dibujo de la derecha tienen el mismo volumen, pero el bloque A tiene más masa. Por eso decimos que es más denso. Para calcular la densidad dividimos la masa entre el volumen.

En un medio líquido como el agua, los objetos con menor densidad flotan y los de mayor densidad se hunden.

2 Ordena de mayor a menor densidad los bloques de corcho, madera y metal de la actividad de la página anterior.

- Materia es todo lo que tiene **masa** y **volumen**.
- Las **propiedades generales** de la materia son la masa y el volumen.
- Las **propiedades específicas** de la materia nos permiten distinguir un tipo de materia de otro.

Los bloques A y B tienen el mismo volumen. ¿Qué objeto es más denso: el A o el B?

Taller

Aplicamos

3 DEDUCE. Juan y Elena realizan los siguientes experimentos para medir la masa y el volumen de una tuerca y una piedra. Observa las imágenes y, después, contesta.

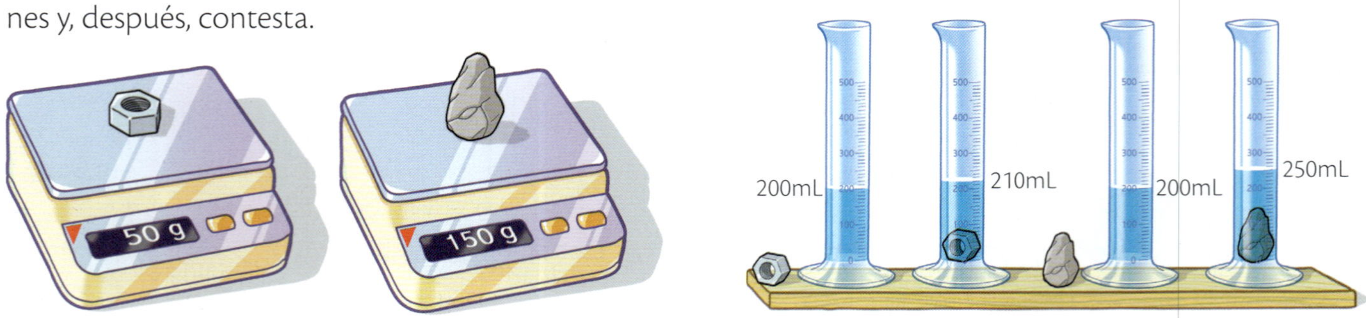

- ¿Cuál es la masa de la tuerca? ¿Y la de la piedra?
- ¿Cuál es el volumen de la tuerca? ¿Y el de la piedra?
- Con los datos anteriores, ¿puedes deducir cuál es más denso?

4 DISEÑA un procedimiento para medir el volumen de tu cuerpo. Ponlo en común en tu equipo. ¿Puedes llevar a cabo este procedimiento en tu casa?

5 EXPERIMENTA. ¿Qué materiales flotan? Para comprobarlo, introdúcelos en un recipiente lleno de agua.

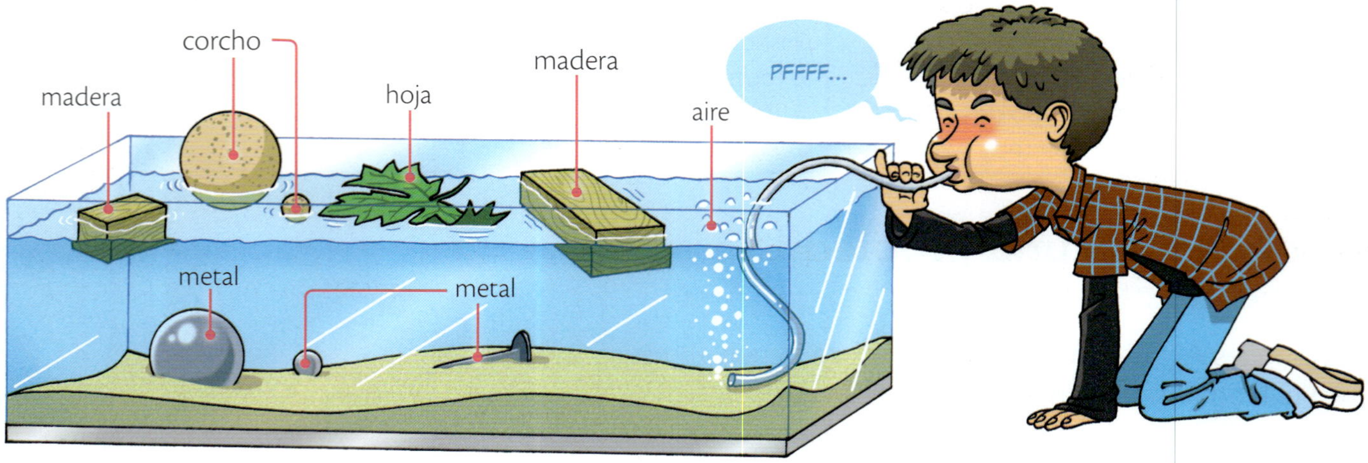

a. La bola pequeña de corcho y la canica de metal tienen un volumen similar. ¿Cuál flota? ¿Cuál se hunde? ¿A qué crees que es debido?

b. ¿Por qué suben las burbujas de aire al soplar por el extremo del tubo?

6 RAZONA. ¿Cómo es posible que flote un barco de diez mil toneladas de peso y hecho de acero? Para responder a esta pregunta fíjate en la imagen de la derecha.

Coge un trozo de plastilina, introdúcelo en el recipiente y observa lo que ocurre. Luego, cambia su forma y haz un barco con la misma plastilina. Mételo en el recipiente. ¿Qué ocurre ahora?

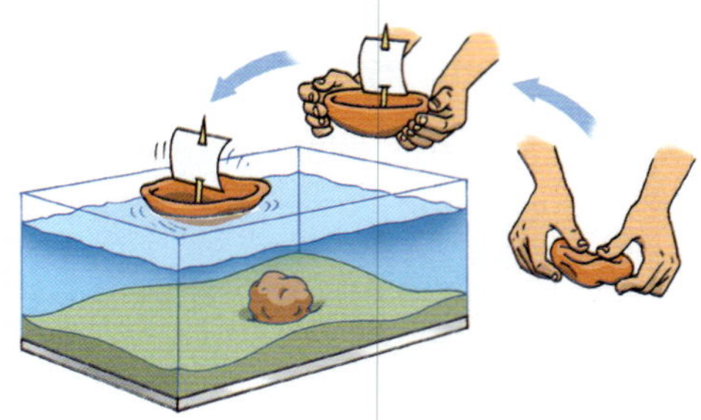

7 **Deduce.** Pablo ha utilizado una báscula y una probeta para medir la masa y el volumen de cuatro objetos, y ha obtenido los resultados que se muestran en la tabla de la derecha.

Copia y completa la tabla dividiendo la masa entre el volumen. ¿Están hechos estos objetos del mismo material o de diferentes? Explica por qué.

	Masa	Volumen	Masa/Volumen
Clavo	15,7 g	2 mL	◆◆◆
Tomillo	47,1 g	6 mL	◆◆◆
Tijeras	70,7 g	9 mL	◆◆◆
Campana	1208,9 g	154 mL	◆◆◆

8 **Analiza.** María ha realizado este experimento para demostrar a sus compañeros cómo hacer que un cuerpo hundido flote sin tocarlo.

a. Observa el dibujo y explica el experimento de María.

b. ¿Qué ha podido cambiar en el agua para que flote el huevo?

TRABAJAMOS LA COMPRENSIÓN LECTORA

El pavimento descontaminante

En la actualidad, se fabrican nuevos materiales con propiedades muy útiles. Es el caso del pavimento descontaminante.

Investigadores de la Universidad Tecnológica de Eindhoven (Holanda) han creado un hormigón que "devora" la contaminación del aire. Este hormigón incluye un material que convierte los gases contaminantes en sustancias inofensivas, gracias a la luz solar. De esta manera, puede reducir entre un 25% y un 45% la cantidad de los gases contaminantes liberados a la atmósfera.

9 **Busca información.** Además del nuevo hormigón, ¿qué otro elemento necesita este nuevo pavimento para reducir la contaminación del aire?

10 **Piensa en el significado de las palabras.** ¿Qué palabra de estas tres que has leído en el texto tiene el significado que aparece debajo?:

hormigón   pavimento   atmósfera

Superficie artificial con que se cubre el suelo para que esté sólido y llano.

11 **Fíjate en la forma del texto.** En el texto se explica que hay un hormigón que "devora" la contaminación del aire. ¿Por qué crees que se ha escrito "devora" entre comillas?

Taller

Nos activamos

1 EXPERIMENTA con mezclas.

a. ¿Ves la sal en el vaso? ¿Qué ha ocurrido?
b. Una vez hecha la masa del bizcocho, ¿distingues los componentes?
c. ¿Y en la macedonia, ¿se distinguen las frutas?

Comprendemos

La materia puede estar formada por un solo componente, como es el caso del agua, o por varios componentes, como ocurre con el agua salada o la masa para hacer un bizcocho.

El **aire**, aunque no lo podamos ver, es una **mezcla homogénea** de varios gases, fundamentalmente nitrógeno y oxígeno.

smMasSavia.com

Distingue entre sustancias puras y mezclas.

Sustancias puras y mezclas

La materia se clasifica en **sustancias puras** y **mezclas.**

LA MATERIA

- **Sustancias puras**: Están formadas por un solo componente, como el oro, el agua o la sal.
- **Mezclas**: Están formadas por más de un componente.
  - **Mezclas homogéneas**: Los componentes no se aprecian a simple vista, como sucede con los batidos.
  - **Mezclas heterogéneas**: Los componentes se distinguen claramente, como ocurre en la paella.

Métodos de separación de mezclas

Según como sean la mezcla y las sustancias que queremos obtener, se utilizan distintos métodos de **separación de mezclas**. Estos son los métodos habituales:

Evaporación

Para una **mezcla homogénea** formada por **un líquido y un sólido**, como el agua con sal:

Proceso: se coloca la mezcla en un lugar seco. El agua se evapora y en el fondo aparece la sal.

Aplicación: se utiliza en la industria para extraer la sal del agua de mar en las salinas.

Filtración

Para una **mezcla heterogénea** formada por **un líquido y un sólido**, como la mezcla de agua y arena:

Proceso: se colocan un embudo y un papel poroso. El agua cae y la arena queda retenida en el papel.

Aplicación: se utiliza en la industria alimentaria para reducir los azúcares en los zumos.

Decantación

Para una **mezcla heterogénea** formada por **dos líquidos de distinta densidad**, como el agua y el aceite:

Proceso: el líquido más denso queda debajo del menos denso. Al abrir la llave sale primero el líquido más denso.

Aplicación: se utiliza para separar el petróleo del agua del mar en vertidos.

Destilación

Para una **mezcla homogénea** de **dos líquidos con distinta temperatura de ebullición**, como el alcohol y el agua:

Proceso: al calentar la mezcla, el líquido con menor temperatura de ebullición pasa antes a estado gaseoso. Al atravesar un tubo frío se condensa.

Aplicación: usado en la industria del petróleo para separar los distintos productos del petróleo crudo.

- Según sus componentes, la materia puede ser una **sustancia pura** o una **mezcla**.
- Las mezclas pueden separarse por distintos métodos, como **filtración**, **decantación**, **evaporación** o **destilación**.

Taller

Aplicamos

2 **Experimenta.** Además de los cuatro métodos ya vistos, existen otros métodos para separar mezclas. Vamos a experimentar con ellos.

a. ¿Cómo podemos separar una mezcla de arena y virutas de hierro o chinchetas?

Prepara una mezcla con arena y chinchetas o virutas de hierro.

Acerca un imán. Este atraerá solo a las chinchetas o a las virutas de hierro. Así separamos la mezcla.

- Si añadimos agua a la primera mezcla, ¿cómo separarías el agua, la arena y las virutas metálicas?

b. ¿Cómo podemos separar una mezcla de garbanzos y harina?

Prepara una mezcla de garbanzos y harina, y viértela en un colador. Pon un recipiente debajo.

Golpea el colador. La harina, que es más fina, cae los garbanzos se quedan en el colador.

- Si, además de la harina y los garbanzos, también dispusieras de arroz, ¿de qué forma lograrías separar los tres componentes de la mezcla?

3 **Prepara la tarea.** Busca en Internet inventos relacionados con la luz que puedas incorporar a una casa del futuro o que te proporcionen ideas para crear otros. Algunos podrían ser: conexión a Internet a través de la luz, ventanas que controlan la intensidad y el tipo de luz, o un aparato que utiliza un haz de luz como despertador personalizado.

4 smMasSavia.com | ¿Qué métodos de separación de mezclas utilizarías?

5 **DECIDE.** Observa las imágenes. ¿Se trata de mezclas homogéneas o heterogéneas?

a 

b 

c 

6 **CLASIFICA.** Copia una tabla como esta en tu cuaderno y clasifica los elementos que se mencionan en el lugar correcto.

- ensalada
- tableta de chocolate con avellanas
- arena de playa
- pendientes de plata
- batido vainilla
- agua

Sustancia pura	Mezcla homogénea	Mezcla heterogénea
◆◆◆	◆◆◆	◆◆◆

7 **ANALIZA.** ¿Qué método de separación de mezclas representa cada una de estas imágenes?

a 

b 

c 

d 

8 **RELACIONA.** Seguro que has oído hablar alguna vez de las mareas negras. Son grandes vertidos de petróleo en el mar debido a accidentes de los barcos que lo transportan.

a. Si el petróleo es menos denso que el agua, ¿flotará en el mar o se hundirá?

b. ¿Qué método utilizarías para separar una mezcla de agua y petróleo en un recipiente? Razona tu respuesta.

Taller

Nos activamos

1 **Diferencia** entre cambios físicos y químicos.

Introduce un pincel en zumo de limón. Haz con él un dibujo sobre un papel y déjalo secar. Con la ayuda de un adulto, calienta el papel con una vela o una plancha y verás que aparece el dibujo que has hecho.

- Al calentar el papel hemos aplicado energía y el zumo de limón ha cambiado de color. ¿Ha aparecido una sustancia nueva?

Comprendemos

Al aplicar calor al papel, el zumo de limón del dibujo se ha transformado en otra sustancia y esta se ha vuelto visible. Esto es posible gracias a los cambios físicos y químicos que se pueden producir en la materia.

Cambios físicos y químicos

Los cambios en la materia pueden ser físicos o químicos.

Cambios físicos

La materia solo **cambia de forma** o de **aspecto**.

- Los fragmentos de piedra siguen siendo el mismo tipo de piedra.

- El agua líquida se ha transformado en hielo, pero sigue siendo agua.

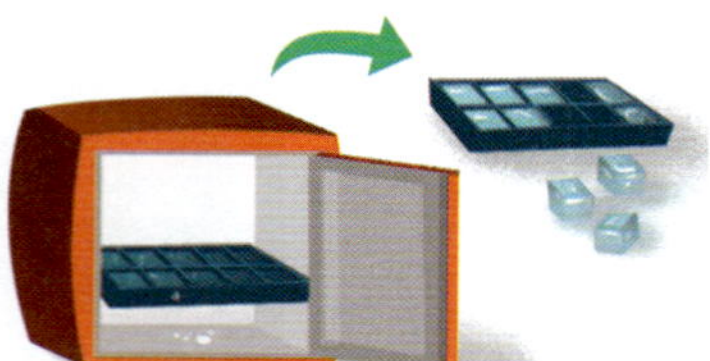

Cambios químicos

La materia se **transforma en otra distinta**.

- La cerilla, al arder, se transforma en humo, gases y ceniza.

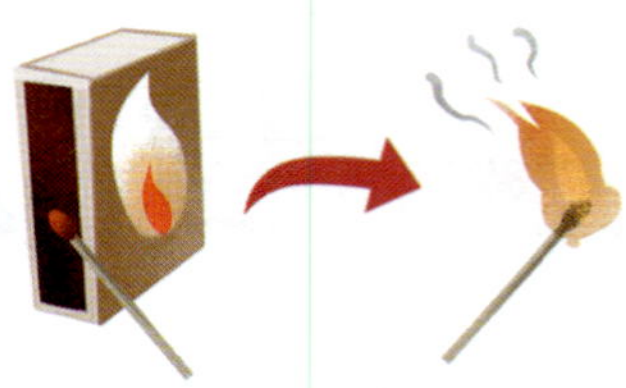

- La mezcla de harina, levadura y otros ingredientes se ha convertido en magdalenas.

Reacciones químicas en la naturaleza

Los cambios químicos también se llaman **reacciones químicas**. En estos cambios unas sustancias llamadas **reactivos** se transforman en otras llamadas **productos**.

El estudio de las reacciones químicas ha hecho posible mejorar la producción y la conservación de los alimentos y transformar los productos naturales para obtener diversas sustancias, como fibras sintéticas, plásticos, insecticidas o detergentes.

Estos son algunos tipos de reacciones químicas:

Oxidación

Es una reacción química que se produce cuando una sustancia se combina con el oxígeno del aire y forma un **óxido**.

La corrosión de los metales o el oscurecimiento de la fruta cortada son ejemplos de oxidaciones.

Combustión

Es una oxidación muy rápida que ocurre cuando una sustancia, llamada **combustible**, se combina con el oxígeno y arde.

En las combustiones se desprende **luz** y **calor**, como sucede al encender un mechero o en los fuegos artificiales.

Fermentación

Es una reacción química que se produce en **ausencia de oxígeno** por la acción de algunos seres vivos, como las levaduras o las bacterias.

Esta reacción tiene lugar, por ejemplo, en el proceso de fabricación del pan o del yogur.

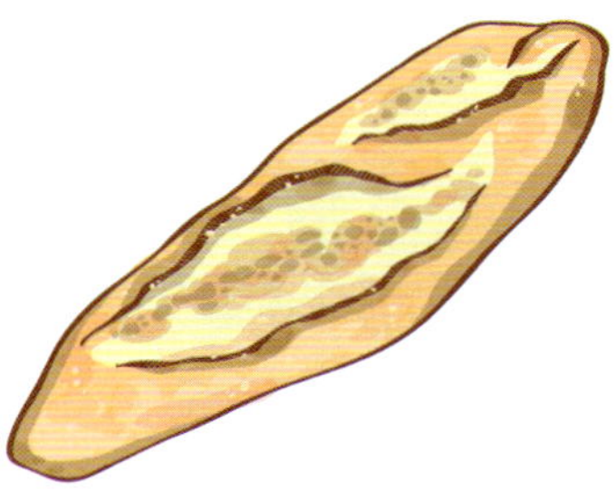

- En los **cambios físicos** la materia solo cambia de forma o de aspecto, pero no aparecen nuevas sustancias.
- En los **cambios químicos** las sustancias cambian su composición y se transforman en sustancias nuevas.

smMasSavia.com

Identifica los productos y los reactivos de esta reacción.

Aplicamos

2 CLASIFICA. Fíjate en los siguientes procesos e indica si se corresponden con cambios físicos o cambios químicos.

- Congelar pan.
- Arrugar un papel.
- Quemar el carbón.
- Los cubiertos de plata cuando se oscurecen.
- La ropa cuando se seca al aire libre.
- Cocinar una tortilla.

3 ELABORA una gráfica. María calienta agua en un cazo sobre una placa de cocina. Mide la temperatura cada veinte segundos y recoge los datos en una tabla.

Tiempo (s)	0	20	40	60	100	120
Temperatura (°C)	20	40	60	80	100	100

a. Copia y completa la gráfica en tu cuaderno con los datos anteriores. Para ello, marca los puntos y únelos con una línea.

b. Observa la gráfica y contesta a las preguntas.

- ¿Qué cambio de estado se ha producido?
- ¿A qué temperatura se ha producido el cambio de estado?

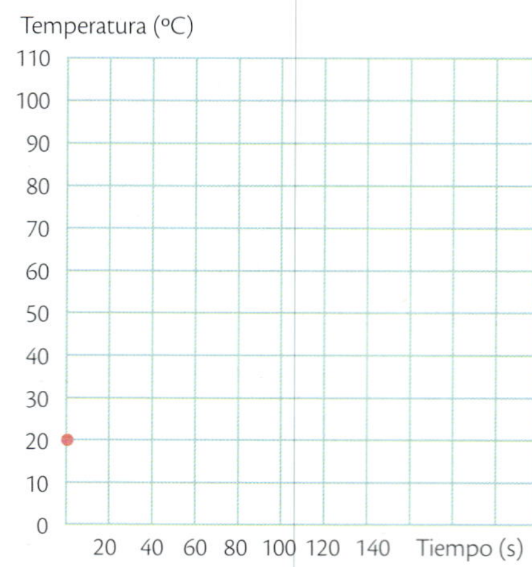

4 ANALIZA. En la imagen inferior se refleja el ciclo del agua en la naturaleza. Indica, en tu cuaderno, con qué cambio de estado experimentado por el agua se identifican las palabras.

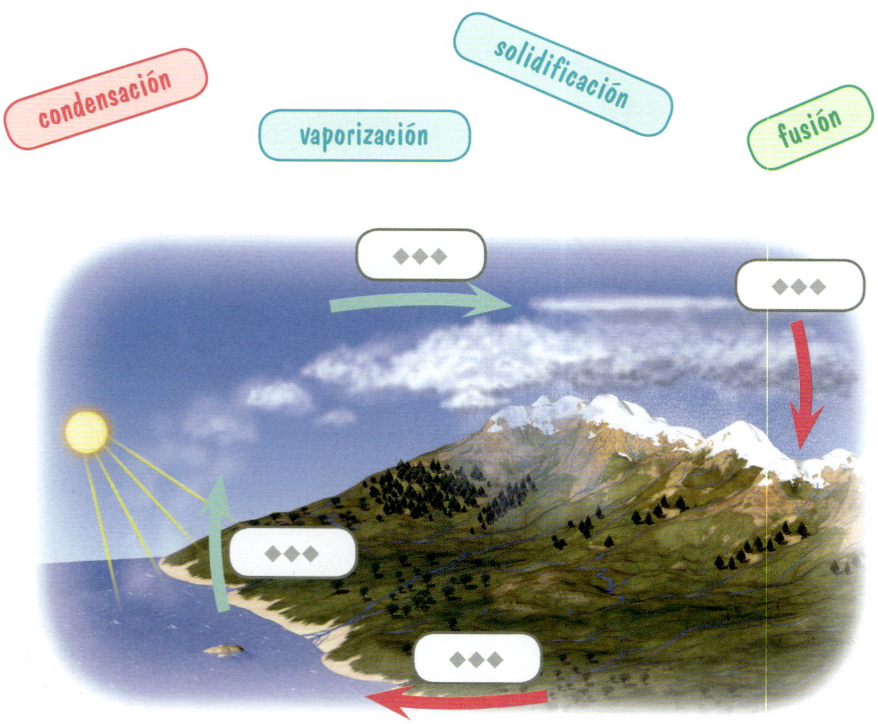

5 APLICA. Marcos y Julia están preparando el desayuno. Fíjate en los cambios que sufren los alimentos durante la preparación y contesta a las preguntas.

a. Copia la tabla en tu cuaderno e indica en ella los cambios que tienen lugar en los siguientes elementos:

- El exprimidor
- La tostadora
- La manzana cortada
- El cacao con leche

Cambios físicos	Cambios químicos
◆◆◆	◆◆◆

b. Al calentar la leche, Marcos ha visto que empieza a salir vapor. Explica lo que está ocurriendo.

c. Lucía quiere desayunar tortitas. Para hacer la mezcla, bate huevos, leche, mantequilla, azúcar y un poco de sal. También añade levadura. Copia la tabla y responde sí o no en cada caso.

La mezcla de huevos, leche, sal, mantequilla y azúcar es una mezcla homogénea.	Sí / No
Al añadir levadura se produce una oxidación.	Sí / No
Al añadir levadura se produce una fermentación.	Sí / No

Taller

6 INVESTIGA. Las barritas químicas luminosas tienen dos líquidos en su interior. Cuando las doblamos y las agitamos, los dos líquidos se mezclan y se produce una reacción química.

Averigua si la reacción química es de oxidación, combustión, fermentación o si es de otro tipo.

COMPROBAMOS LO APRENDIDO

LA MATERIA

- tiene propiedades
  - generales
  - específicas
- según su composición puede ser
  - MEZCLA — ¿Se aprecian los componentes?
    - sus componentes se pueden separar por
  - SUSTANCIA PURA

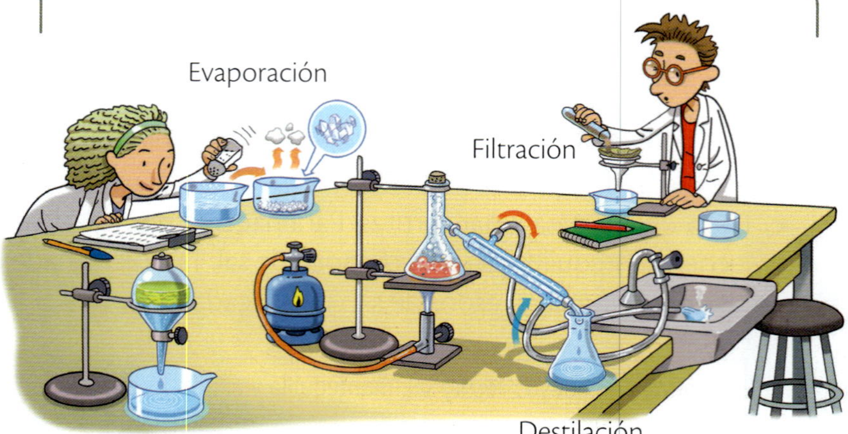

- sufre cambios
  - QUÍMICOS como
  - FÍSICOS como
    - Cambios de estado
    - Aumento de temperatura

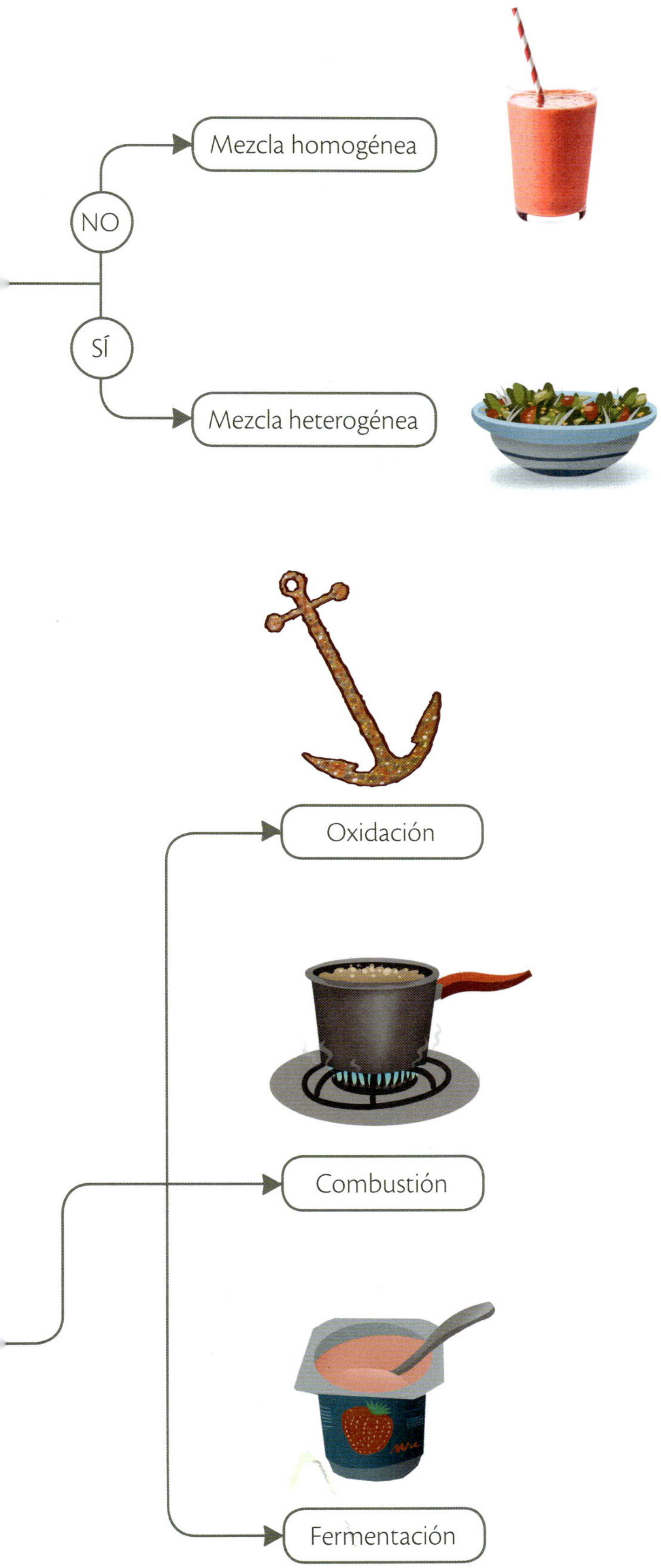

1 **REPASA** la unidad con este esquema. Después, por parejas, añadid un ejemplo de sustancia pura, otro de mezcla homogénea y otro de heterogénea.

2 **CLASIFICA** los siguientes elementos en sustancias puras, y mezclas homogéneas o heterogéneas.

agua del mar · macedonia de frutas · bizcocho · leche

3 **ANALIZA.** Juan quiere hacer una paella, pero se ha olvidado de la sal. ¿Cómo podría conseguirla a partir del agua del mar? ¿Qué método de separación de mezclas sería el más adecuado? Explica paso a paso el procedimiento que debe seguir.

4 **IDENTIFICA.** ¿Qué tipo de cambio se produce al calentar el pan en el horno?

Mi diario

1 Si hoy hubiera estado enfermo, ¿qué sentiría no haber aprendido?

2 Lo que me ha gustado más en esta unidad ha sido… Intento explicar por qué.

3 Lo que me ha parecido más difícil de aprender en esta unidad ha sido… Lo he conseguido haciendo…

4 Me siento bien cuando en clase hacemos…

smMasSavia.com | Autoevaluación.

6 El magnetismo y sus aplicaciones

En esta unidad, vamos a:

Entender el magnetismo.

¿Atraen los imanes a todos los metales?

¿Para qué sirve una brújula?

Conocer la relación entre la electricidad y el magnetismo.

¿Se puede fabricar electricidad moviendo un imán?

¿Qué aparatos conoces que tengan un motor eléctrico en su interior?

smMasSavia.com

Lo que ya sé.

1 El magnetismo

Taller — Nos activamos

1 **EXPERIMENTA.** Mezcla varios elementos como clips, tapas de bolígrafos, tapones de botella, chinchetas, monedas y arena. Acerca un imán y observa lo que ocurre.

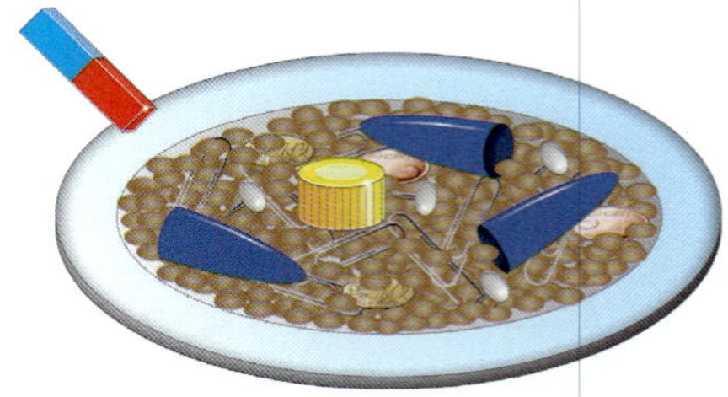

- Haz una lista de los elementos que ha atraído el imán y otra lista de los que no ha atraído.
- ¿Por qué crees que el imán atrae unos objetos y otros no?

2 **INTERPRETA.** ¿Por qué se quedan pegados en la puerta del frigorífico los imanes decorativos? ¿Para qué los podríamos utilizar?

3 **PREGÚNTATE.** Hace más de tres mil años, los habitantes de la ciudad griega de Magnesia observaron que algunas piedras atraían los objetos fabricados con hierro. ¿Crees que las piedras tenían un imán escondido?

Comprendemos

Las piedras de Magnesia estaban formadas por un mineral llamado **magnetita**, que tiene la capacidad de atraer algunos metales. Esto significa que las piedras de Magnesia son **imanes**.

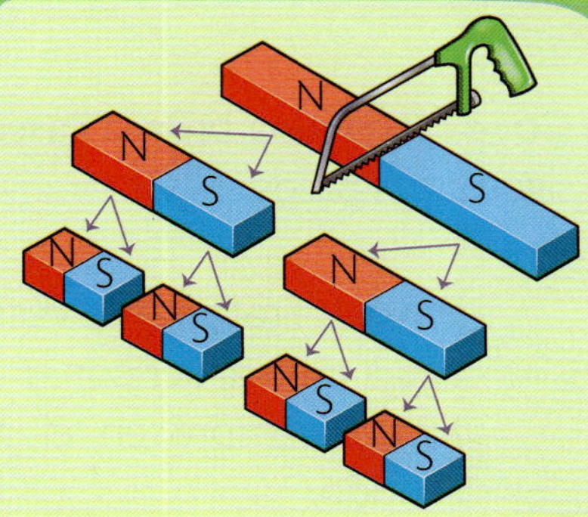

Al cortar un imán por la mitad no eliminamos uno de los polos, sino que las partes que obtenemos vuelven a tener dos polos.

Los imanes

El espacio que rodea a un imán recibe el nombre de **campo magnético**. El imán es capaz de atraer en ese espacio algunos metales, como el hierro y el níquel.

Los imanes disponen de dos extremos, que se denominan polos: **polo norte** y **polo sur**. ¿Qué ocurre si enfrentamos el polo norte y el polo sur?

Se atraen.

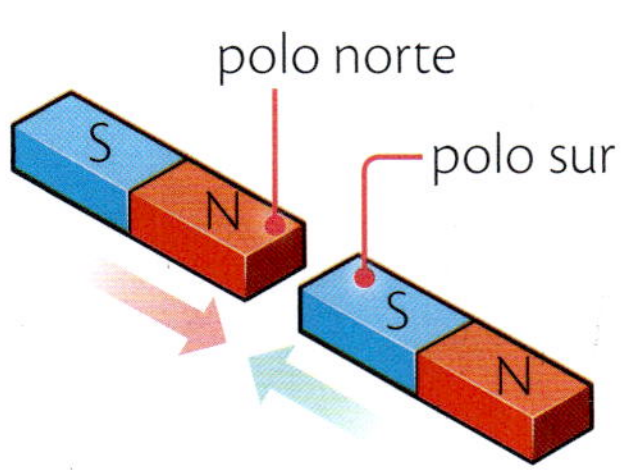

Los imanes se atraen si los dos polos que se acercan son de distinto signo.

Se repelen.

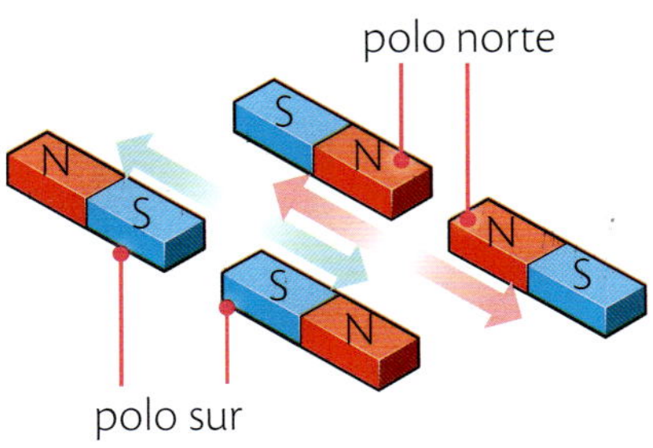

Si los polos de los imanes que se acercan son del mismo tipo, los imanes se repelen.

El magnetismo terrestre

La Tierra se comporta como un imán gigante. Su **polo norte magnético (N)** está cerca del sur geográfico, y su **polo sur magnético (S)** está cerca del norte geográfico.

Para orientarnos disponemos de un instrumento, la **brújula.** Esta posee una aguja imantada que gira sobre un eje. El polo norte de la aguja se ve atraído por el polo sur magnético de la Tierra. Es decir, la brújula señala hacia el norte geográfico.

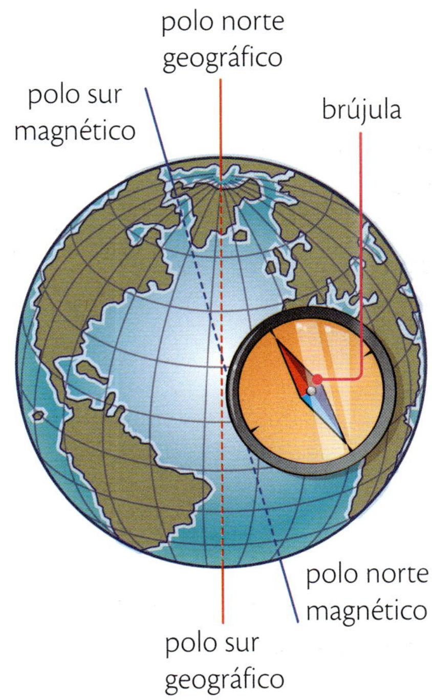

4 ¿Para qué crees que sirve la brújula?

- El **magnetismo** es la capacidad que poseen ciertos materiales, llamados **imanes**, de **atraer algunos metales**, como el hierro y el cobalto.
- La **Tierra** funciona como un gran imán. La **brújula** detecta el magnetismo terrestre y nos permite orientarnos.

Taller

Aplicamos

5 **CONSTRUYE** una brújula casera valiéndote del magnetismo. Para ello, sigue estos pasos:

Paso 1. Frota varias veces una aguja o un alfiler con un imán. Hazlo siempre en el mismo sentido.

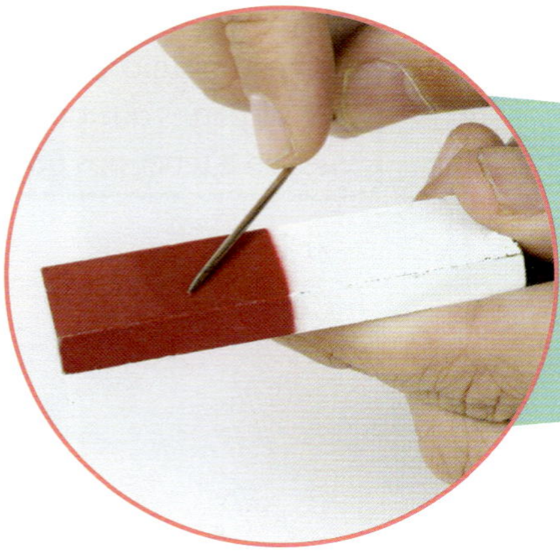

Paso 2. Con la ayuda del profesor, corta un trozo de corcho con un cúter.

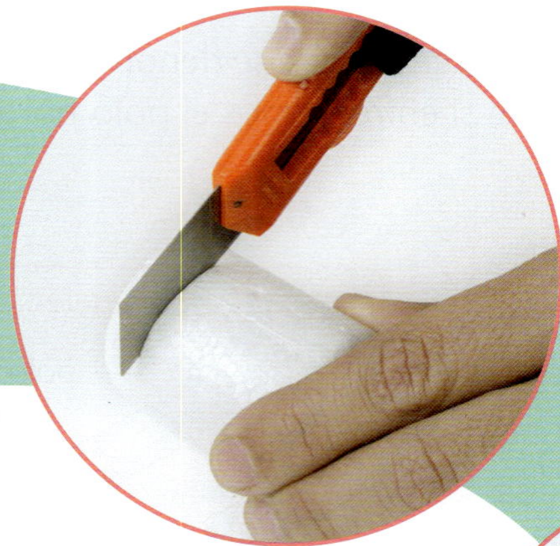

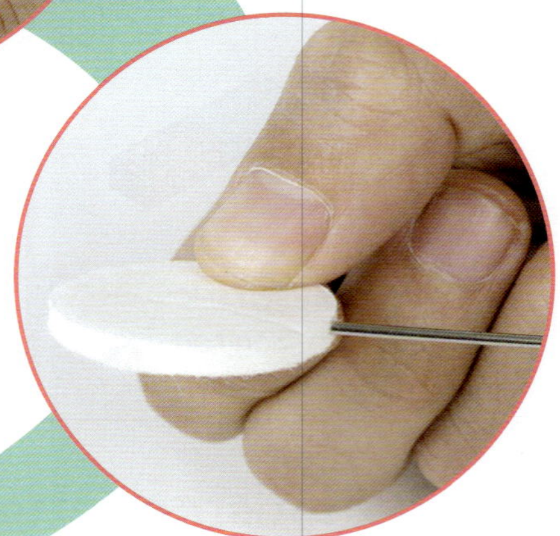

Paso 3. Introduce con mucho cuidado la aguja en el corcho.

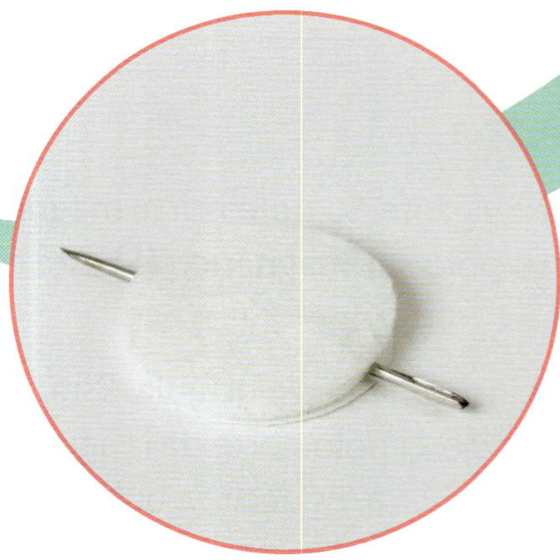

Paso 4. La aguja debe traspasar el corcho. Hazlo con precaución para no lastimarte.

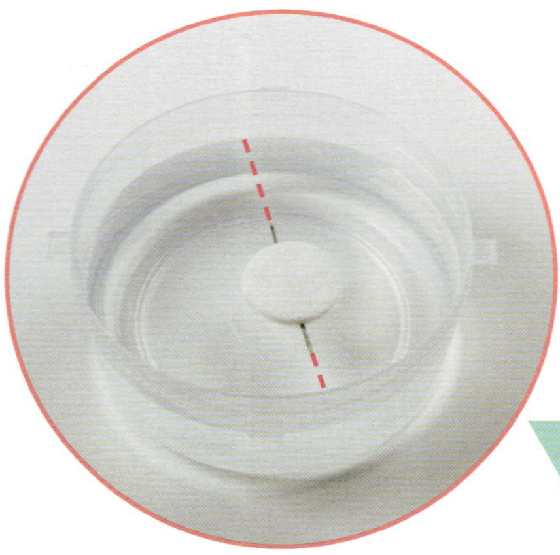

Paso 5. Deposita el corcho con la aguja imantada en un recipiente lleno de agua.

smMasSavia.com
Construye tu propia brújula.

- Coloca el corcho en distintas posiciones. ¿Por qué la aguja señala siempre al mismo lugar?
- ¿Hacia dónde señala la punta de la aguja, hacia el polo norte geográfico o hacia el polo sur geográfico?

6 **Comprende.** ¿Hacia dónde apunta la aguja de una brújula?

A. Hacia el polo norte geográfico.
B. Hacia el ecuador.
C. Hacia el polo norte magnético.
D. Hacia el polo sur geográfico.

7 **Identifica.** Copia el dibujo y señala los puntos cardinales en la brújula. Ten en cuenta que el extremo rojo de la brújula señala el norte geográfico.

8 **Identifica.** Indica si las siguientes parejas de imanes se atraen o se repelen. Explica por qué.

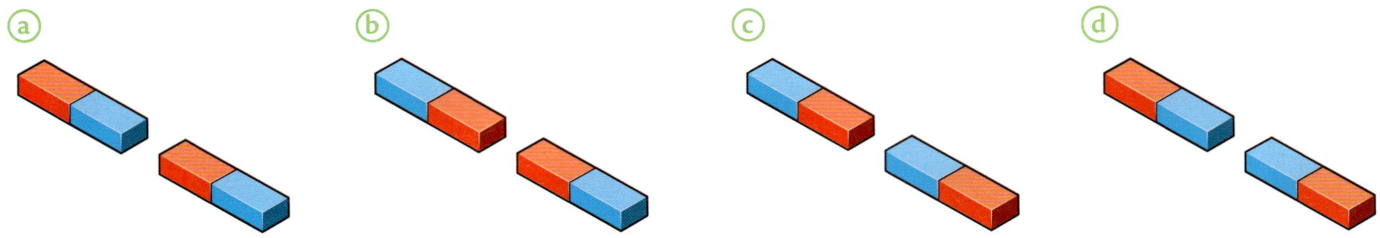

9 **Relaciona.** Juana tiene dos imanes. En uno de ellos aparecen marcados el polo norte y el polo sur. ¿Cómo podría saber cuáles son los polos del otro imán?

10 **Experimenta** con dos clavos y un imán.

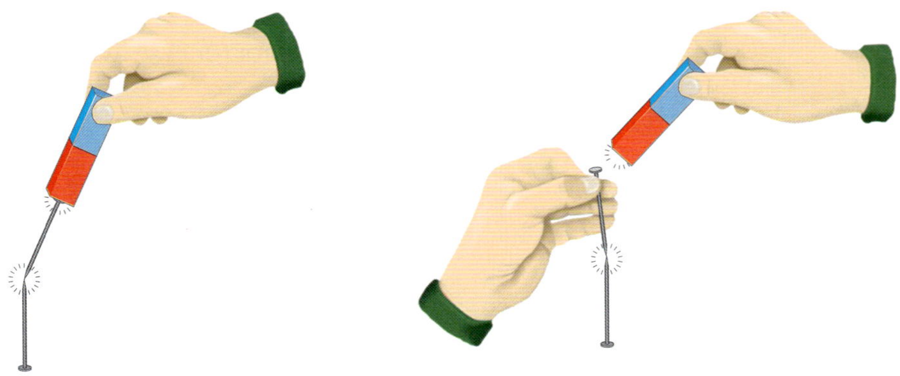

Paso 1. Acerca un imán a dos clavos, uno a continuación del otro. ¿Qué ocurre?

Paso 2. Aleja un poco el imán de los clavos mientras sujetas el primer clavo. ¿Por qué no se cae el otro clavo?

- Aleja totalmente el imán de los clavos. ¿Por qué crees que se cae el segundo clavo?

11 **Analiza.** Si dispones de varios clips metálicos, ¿cómo puedes distinguir entre una barra imantada y una sin imantar? ¿Y si no dispones de un objeto metálico, pero tienes una cuerda?

Pista. Un imán que se puede mover libremente se comporta como si fuera una brújula.

12 smMasSavia.com | Une los vagones para que se pueda formar el tren.

Nos activamos

El científico y profesor Hans Christian Oersted, mientras preparaba su clase de física, observó que, al acercar una brújula a una corriente eléctrica, la aguja se movía un poco. En cambio, si cesaba la corriente eléctrica, la aguja volvía a su posición inicial.

1 **Emite una hipótesis.** A raíz de este experimento de Oersted, ¿qué conclusiones sacas? ¿De qué manera está relacionada la electricidad con el magnetismo?

Al pasar corriente por el circuito, la aguja de la brújula se desvía.

Comprendemos

Oersted dedujo que, alrededor de la corriente eléctrica, se generaba un campo magnético capaz de atraer la aguja de la brújula igual que un imán.

Con este descubrimiento, el científico había hallado la relación que existe entre la electricidad y el magnetismo. Este fenómeno se llama **electromagnetismo**.

La electricidad produce magnetismo

Cuando la corriente eléctrica pasa por un circuito eléctrico, este actúa como un imán débil.

Los electroimanes se usan en timbres, motores, altavoces, grúas, etc.

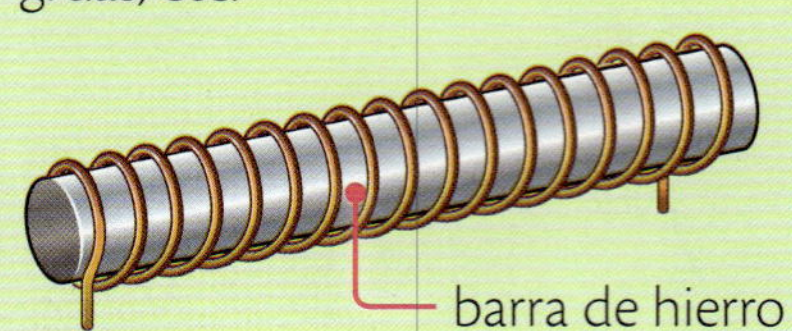

Taller

2 **Experimenta.** ¿Cómo puedes aumentar el magnetismo?

Paso 1. Enrolla con cuidado un cable alrededor de un tornillo.

Paso 2. Pela los extremos del cable y conéctalos a los dos polos de una pila.

- Acerca unos clips, ¿qué ocurre? Da diez vueltas más al cable y prueba tu electroimán, ¿cuántos clips puede atraer ahora?

Si repites el experimento enrollando el cable en forma de bobina alrededor de una barrita de hierro, esta se comporta como un verdadero imán, al que llamamos **electroimán**, y su magnetismo es mucho más fuerte.

El magnetismo produce electricidad

La corriente eléctrica genera magnetismo y es capaz de mover la aguja imantada de una brújula. ¿Qué ocurrirá si movemos un imán dentro de una bobina de cable? ¿Se generará electricidad?

El físico Michael Faraday se hizo la misma pregunta, lo que le impulsó a investigar este hecho.

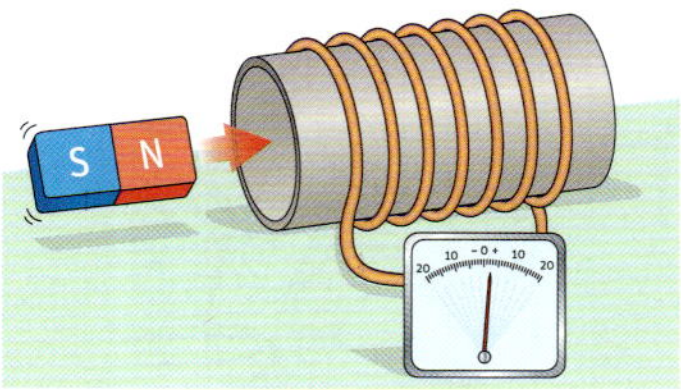

Conectó una bobina de cable a un medidor de corriente eléctrica e introdujo un imán en el hueco de la bobina.

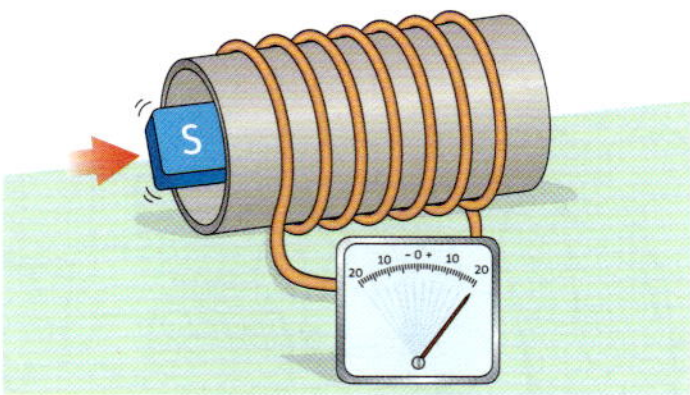

Vio que la aguja del aparato medidor de corriente se movía; es decir, detectaba **corriente eléctrica**.

En la actualidad, para producir electricidad a partir del magnetismo, se utilizan generadores electromagnéticos como los siguientes:

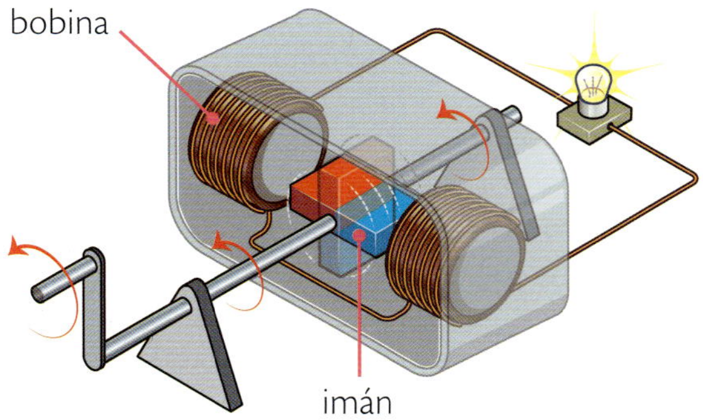

Unos generan electricidad mediante el **movimiento de un imán en el interior de una bobina**.

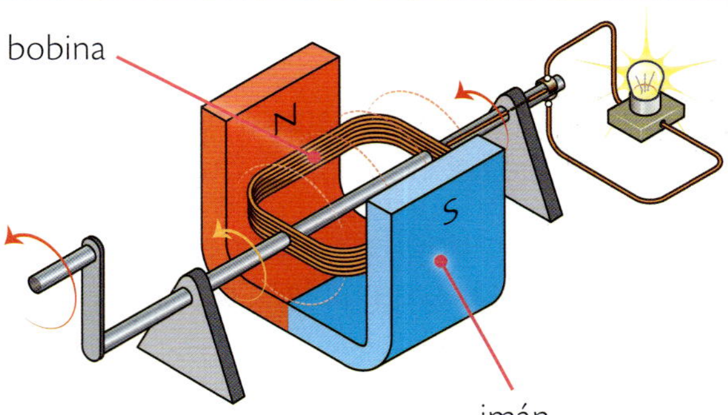

Otros generan electricidad **haciendo girar una bobina entre dos imanes**.

- La **corriente eléctrica** y el **magnetismo** son fenómenos muy relacionados.
- La corriente eléctrica produce magnetismo y la variación del magnetismo produce corriente eléctrica.

Aplicamos

3 **RELACIONA.** Explica las semejanzas y las diferencias que existen entre un imán y un electroimán.

4 **DEDUCE.** ¿Qué electroimán tendrá mayor capacidad de atracción? Explica por qué.

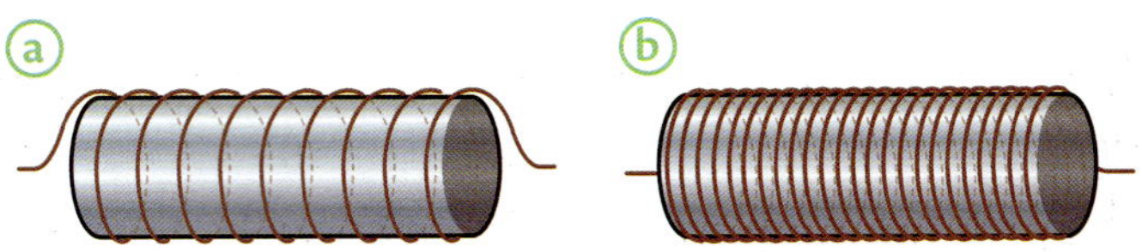

Nos activamos

La tostadora o el exprimidor de fruta nos saludan por la mañana temprano. A esas horas, quizá, también utilicemos un calentador de aire, un secador de pelo o un microondas. Estos aparatos tecnológicos funcionan con electricidad.

1. **HAZ UNA LISTA** de los aparatos tecnológicos que utilizas a diario. Indica el uso que haces de ellos. ¿Cuáles funcionan con electricidad?
2. **DEBATE.** ¿Cómo podrías reducir el consumo de electricidad para hacer el mundo más sostenible? Coméntalo con tus compañeros.

Comprendemos

Muchos de los aparatos que utilizamos habitualmente, como una batidora, tienen un **motor eléctrico** en su interior. Los motores eléctricos son máquinas que transforman la corriente eléctrica en energía mecánica.

El motor

Los motores eléctricos están compuestos por una **bobina** formada por un **cable enrollado** colocado **entre imanes**.

Cuando la corriente eléctrica pasa por la bobina que está entre unos imanes, los campos magnéticos hacen que la bobina gire.

Este movimiento de giro se transmite a las aspas de un aparato como la batidora.

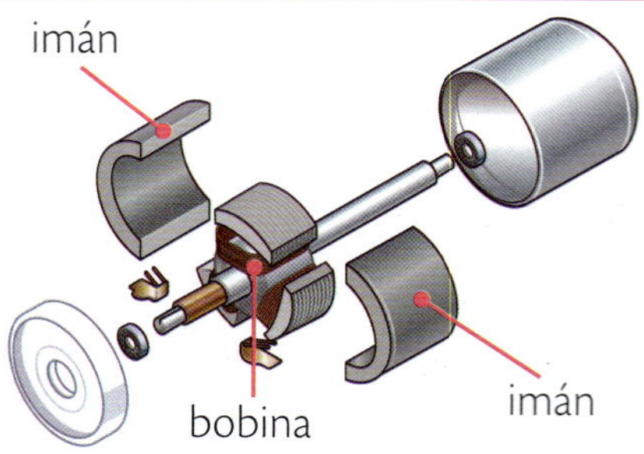

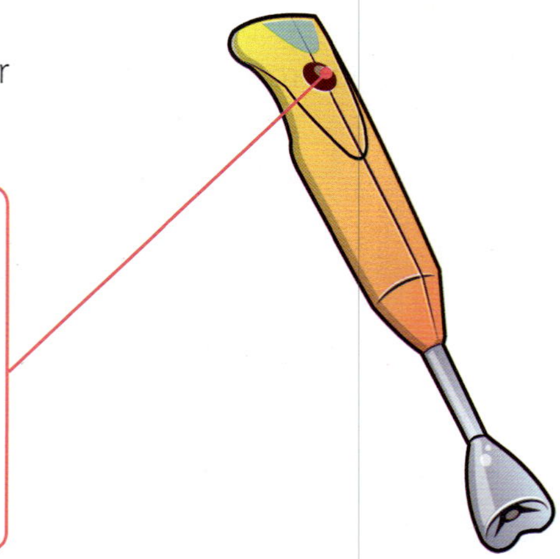

Taller

3 **Construye** un motor simple.

Paso 1. Dobla un trozo de cable de cobre. Coloca una pila encima de un imán que tenga mucha potencia. Ajusta el cable de cobre para que haga contacto con el polo positivo de la pila y también con el imán.

Paso 2. Lija la zona del cable que hace contacto con el imán para que pueda pasar la corriente. En poco tiempo, comprobarás que el cable se pone en movimiento y adquiere velocidad.

Paso 3. Intenta ser creativo y darle otra forma al cable. No olvides que siempre debe haber contacto entre el polo positivo de la pila y el imán.

- Compara el montaje con el de la página anterior e indica las semejanzas y las diferencias que hay entre ellos.

El generador eléctrico

Esta linterna no necesita pilas para su funcionamiento. ¿De dónde proviene entonces la energía que necesita para que emita luz? ¿Cómo se genera electricidad?

Dispositivos como la linterna disponen en su interior de generadores eléctricos. Estos generan corriente eléctrica a partir del movimiento. Al girar la manivela, hacemos girar una bobina entre los imanes y, de ese modo, producimos electricidad.

En las centrales eléctricas se utilizan generadores eléctricos como el de la linterna, aunque mucho más grandes. Estos generadores son los encargados de producir la corriente que recibimos a través de la red eléctrica. Para ello, se valen de distintas fuentes de energía:

- Las centrales hidroeléctricas usan el movimiento del agua.
- Los aerogeneradores utilizan la energía del viento.
- Las centrales térmicas aprovechan la energía del vapor de agua.
- Las centrales mareomotrices recurren al desnivel de las mareas.

4 ¿Cómo funciona un generador eléctrico?

- El **motor eléctrico** transforma la corriente eléctrica en movimiento.
- El **generador eléctrico** transforma el movimiento en corriente eléctrica.

En las centrales hidroeléctricas se aprovecha el agua para mover el generador.

Taller

Aplicamos

5 **Construye** un ventilador. Sigue estos pasos:

Paso 1. Introduce dos pilas de 1,5 voltios en un portapilas como el de la imagen.

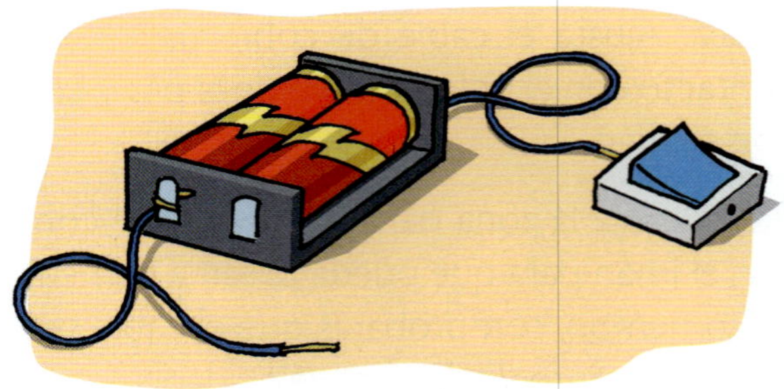

Paso 2. Une uno de los cables del portapilas con uno de los extremos de un interruptor.

Paso 3. Une el otro cable del portapilas con uno de los extremos de un motor con hélice. Por último, conecta un cable desde un extremo del conductor hasta el extremo libre del motor.

Paso 4. Ya tienes tu circuito montado. Ahora, solo falta probar el ventilador. Pulsa el interruptor y podrás comprobar qué útil resulta para el verano.

- ¿En qué tipo de energía se convierte la energía eléctrica de las pilas?

6 **Diseña** un coche eléctrico.

a. smMasSavia.com | ¿Te atreves a construir un coche eléctrico? Utiliza el mismo circuito del taller y monta un coche eléctrico.

b. smMasSavia.com | Elabora un informe de tu proyecto.

7 **Investiga.** La lavadora fue uno de los grandes inventos de principios del siglo XX. Alva J. Fisher inventó la primera lavadora eléctrica en 1901 y nos liberó del arduo trabajo de lavar la ropa a mano.

a. Realiza un cronograma de la evolución de la lavadora a través de la historia. Para ello, busca información en Internet.

b. Fíjate en la imagen. ¿Cómo se transmite el movimiento de la polea pequeña a la polea grande?

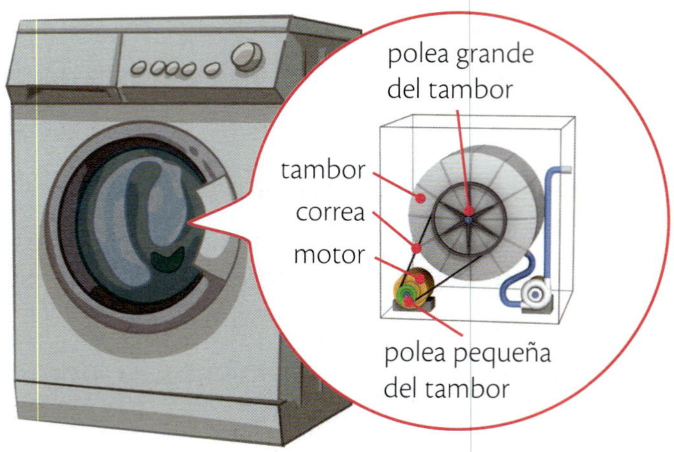

8 **IDENTIFICA.** ¿Cómo se llaman los componentes del motor eléctrico señalados en la imagen?

9 **INVESTIGA.** En los desguaces normalmente se usan electroimanes muy grandes. Investiga con qué propósito se utilizan y para qué sirven.

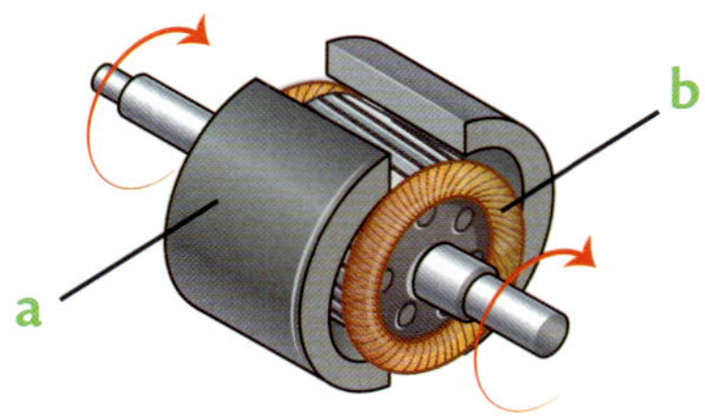

TRABAJAMOS LA COMPRENSIÓN LECTORA

Los aerogeneradores

Los aerogeneradores son máquinas que sirven para generar energía eléctrica "limpia" a partir de energía eólica. Esta fuente de energía es renovable y no contaminante, aunque los parques eólicos también producen impactos ambientales. ¿Cómo funcionan?

1. La energía del viento hace que giren las aspas.
2. El movimiento de las aspas del aerogenerador se transmite mediante un sistema de engranajes al generador.

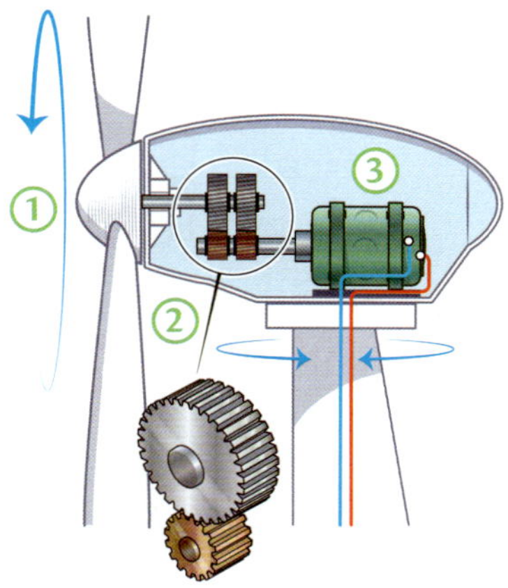

3. En el interior del generador hay grandes electroimanes dentro de bobinas gigantescas que, al girar, producen electricidad.

Los aerogeneradores se deben instalar en lugares amplios expuestos al viento, sin árboles y que no sean lugar de paso de aves.

Es importante que la velocidad del viento sea constante en el lugar elegido, como indica la gráfica de la derecha. Así, se asegura la producción de energía eléctrica durante todo el año.

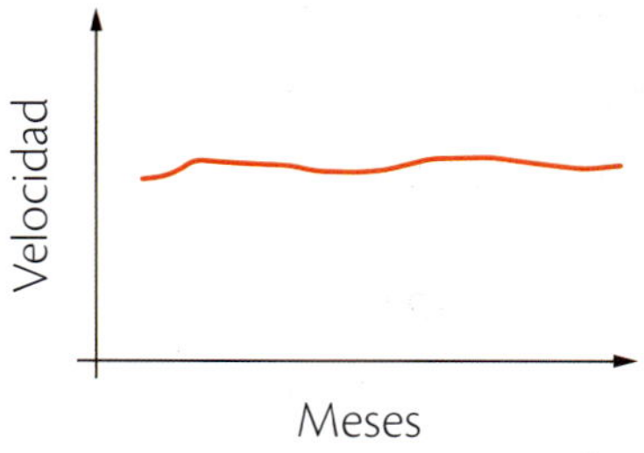

10 **LOCALIZA EL TEMA.** El texto explica…

A. … que los aerogeneradores son una fuente de energía eólica.

B. … cómo son los aerogeneradores y de qué modo funcionan.

C. … que los aerogeneradores utilizan energía eléctrica para producir energía eólica.

11 **BUSCA INFORMACIÓN.** ¿En qué casos no sería conveniente instalar un parque eólico? Justifica tu respuesta.

12 **RELACIONA SIGNIFICADOS.** A las fuentes de energía que se presentan en la naturaleza de un modo continuo e inagotable las llamamos:

A. renovables B. eólicas C. limpias

COMPROBAMOS LO APRENDIDO

EL MAGNETISMO — se relacionan — LA ELECTRICIDAD

EL MAGNETISMO — es una propiedad de los → IMANES — como — LA TIERRA

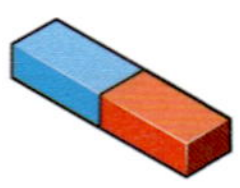

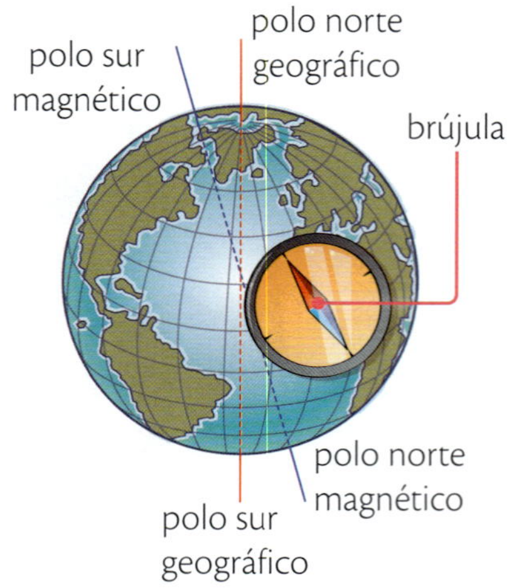

IMANES — y al enfrentarlos →

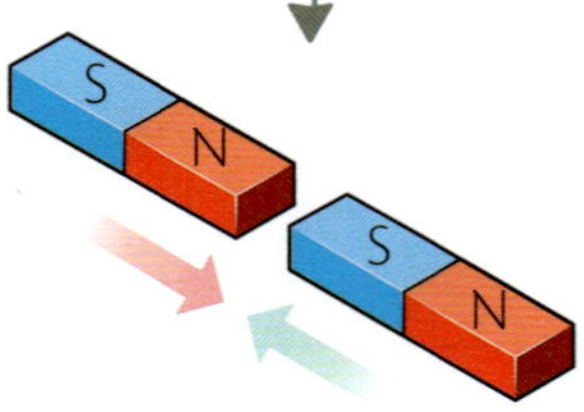

se atraen

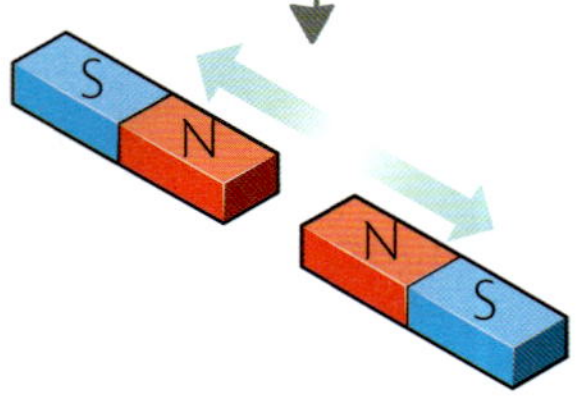

se repelen

se relacionan → **EL ELECTROMAGNETISMO** — se utiliza en

EL ELECTROMAGNETISMO →

La electricidad produce magnetismo.

El magnetismo produce electricidad.

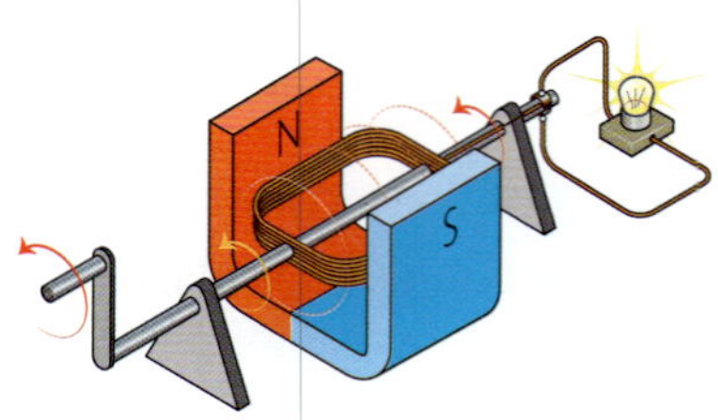

APLICACIONES

como

Motores eléctricos

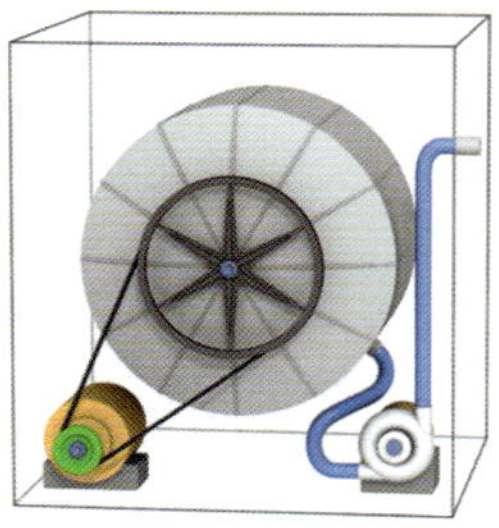

Generadores eléctricos

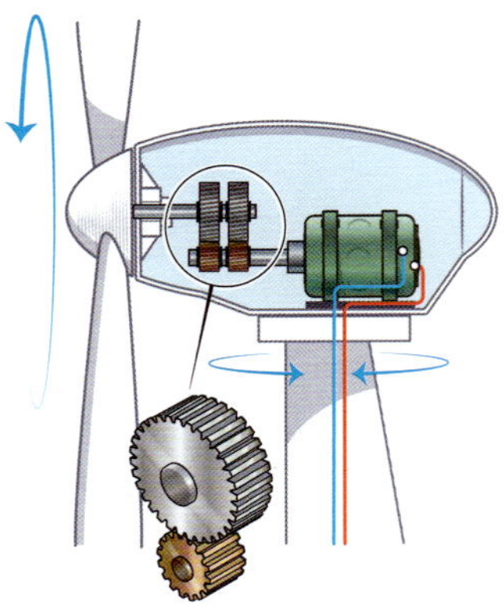

1 **Repasa** la unidad con el esquema. Después, por parejas, añadid más aplicaciones del electromagnetismo.

2 **Dibuja** en tu cuaderno lo que ocurre en la brújula al acercarle el imán.

3 **Prepara la tarea.** Idea tres aplicaciones para tu casa en las que requieras del uso de tarjetas magnéticas, micrófonos o lápices ópticos; todos ellos basados en el electromagnetismo. Podrían usarse para entrar en casa, para comunicarse o para almacenar información.

4 **Analiza.** ¿Por qué gira la brújula al accionar el interruptor?

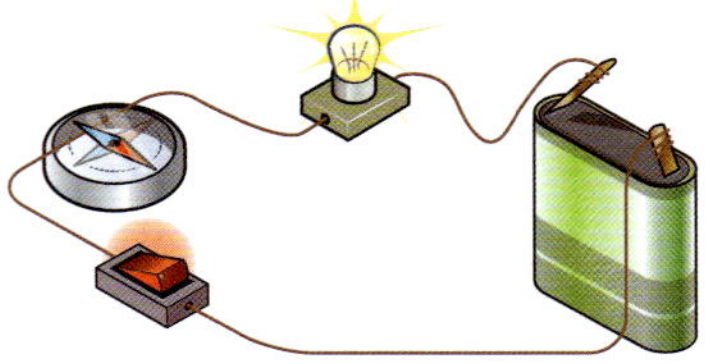

5 **Analiza.** En cuál de estas situaciones se genera corriente eléctrica? Justifica tu elección.

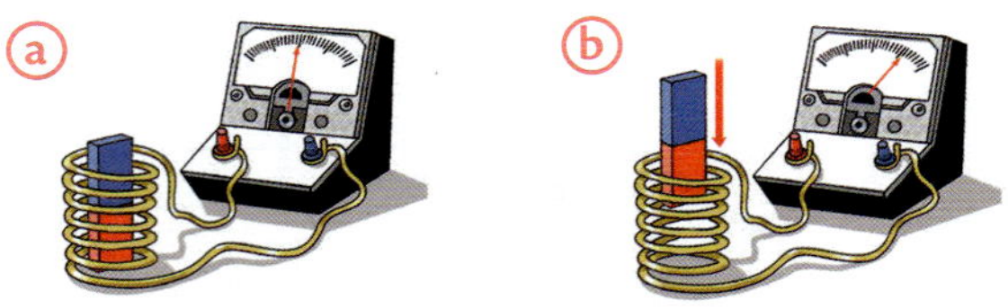

Mi diario

1 Hoy me ha encantado aprender… y saberlo me sirve para…

2 Lo que me ha resultado más difícil aprender es…

3 Aprendo mejor en clase cuando… porque…

4 ¿Me he puesto nervioso en algún momento de la unidad? Intento pensar por qué.

smMasSavia.com | Autoevaluación.

MEJORA TU FUTURO

¿Cómo serán las viviendas dentro de treinta años? Preparaos para soñar y poneos manos a la obra. ¡Vais a diseñar vuestra casa ideal del futuro!

El hogar del futuro

En equipos, vais a diseñar una casa incluyendo inventos vuestros.

Recordad que vuestros inventos deben respetar el medioambiente.

PASO 1 Comparte con tu equipo tus "Prepara la tarea". Dejad volar la imaginación. No os pongáis límites; de este modo es como nacen las grandes creaciones. Clasificad las propuestas sobre la casa del futuro en estas categorías:

- ¿Qué materiales usaré?
- ¿Cómo obtendré energía?
- ¿Cómo me comunicaré?
- ¿Qué máquinas usaré para ordenar y limpiar? ¿Y para jugar?

PASO 2 Dibujad un plano de vuestra casa actual en una cartulina y señalad la localización de vuestros inventos.

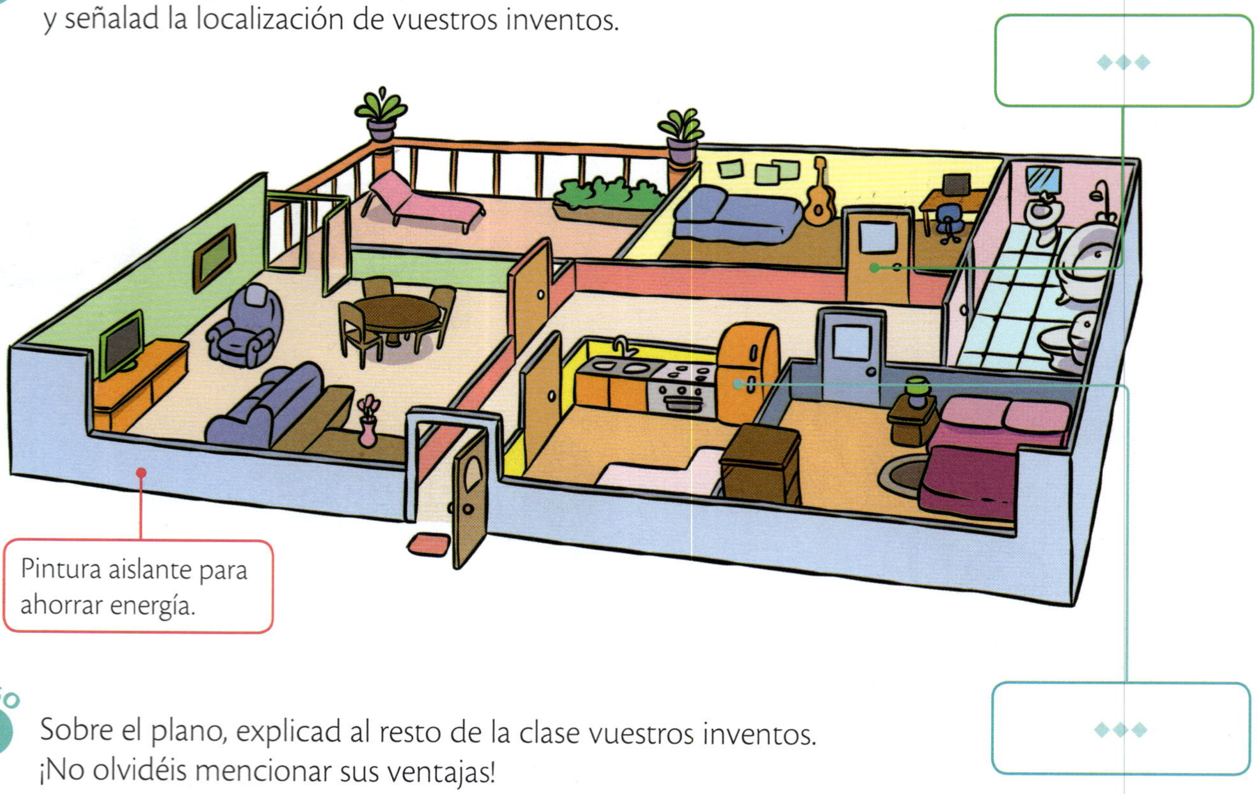

PASO 3 Sobre el plano, explicad al resto de la clase vuestros inventos. ¡No olvidéis mencionar sus ventajas!

PASO 4 Con toda la clase, votad la casa que consideréis más respetuosa con el medioambiente y la que hace la vida más fácil a sus habitantes.

TAREA FINAL

Presenta tu idea

Ahora vais a preparar la documentación para presentar vuestras ideas y que todos puedan conocerlas. De este modo, si alguien las necesita, podrá utilizarlas.

PASO 1 Por equipos, ya con el plano de vuestra casa realizado, elegid los tres inventos que os resulten más interesantes.

PASO 2 Preparad una ficha para cada invento, como la del ejemplo que os mostramos a continuación. En las fichas, incluid los dibujos de vuestros inventos, una breve descripción de estos y cuál es su finalidad.

Título:
Máquina para dar masajes

Descripción:
Funciona con energía solar.

Aplicaciones:
Curar lesiones deportivas.

PASO 3 Una vez realizadas las fichas, podéis hablar con la dirección del centro y preguntar si sería posible exponerlas en algún lugar visible para todos los alumnos. De este modo, vuestros compañeros de colegio podrán ver vuestros inventos y valorar vuestro trabajo.

Mi diario

1. Al hacer esta tarea, ¿qué me ha sorprendido que puede hacer un compañero? ¿Qué he descubierto que puedo hacer yo?
2. ¿Cuál es la parte de la tarea que más me ha gustado? Intento explicar por qué.
3. ¿En qué me he fijado para seleccionar los mejores inventos de la clase? Lo explico con ejemplos.

¿QUÉ SABÍA, QUÉ SÉ?

Ahora que ya has aprendido mucho sobre la materia y las máquinas, compara este esquema con el que hiciste al principio y con los de tu equipo.

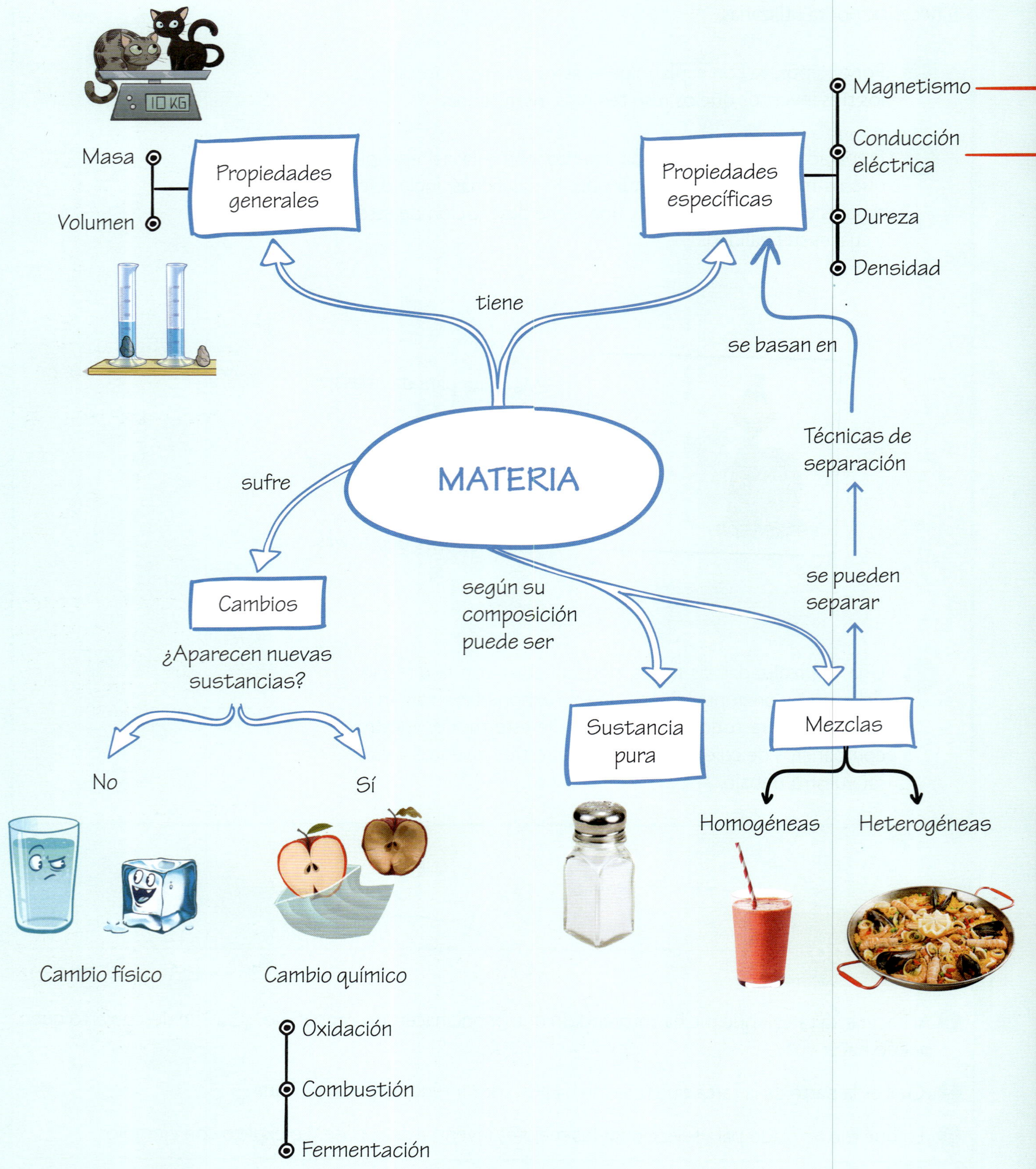

como en — Imanes

como en — Circuitos

Imanes y Circuitos se relacionan en el

ELECTROMAGNETISMO

Aplicaciones

Motor — mueve → Corriente eléctrica

Motor — origina → Movimiento

Generador eléctrico — origina → Corriente eléctrica

Movimiento — entre bobinas e imanes → Generador eléctrico

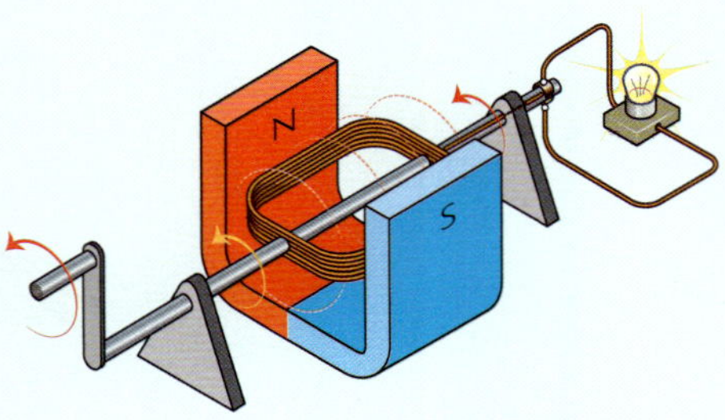

Materia y energía. Máquinas

1. Jugando con plastilina, Jorge ha moldeado una bola y Marta, una taza. ¿Qué pieza crees que flotará? Explica por qué.

2. Haz un esquema en tu cuaderno de los tipos de mezclas y las técnicas de separación.

3. ¿Qué ocurrirá al acercar estos dos imanes?

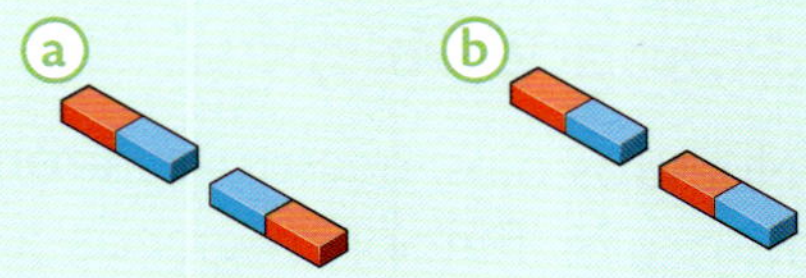

4. En esta central hidroeléctrica se transforma la energía del movimiento del agua en electricidad. ¿Qué tiene que haber dentro del generador?
   - Bobinas
   - Imanes
   - Las dos cosas

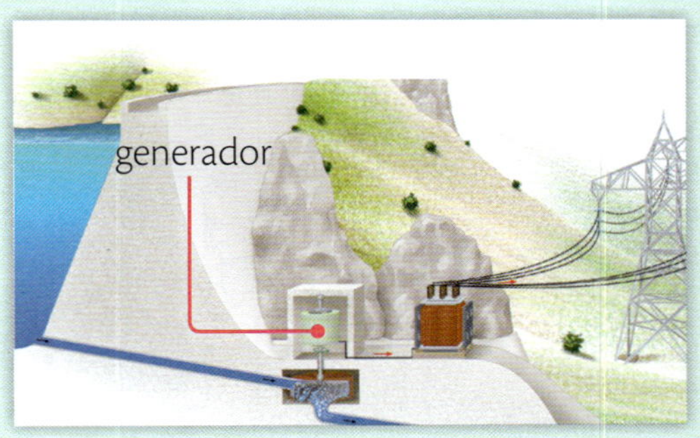

AMPLÍA tu mirada

Una mezcla con mucha historia

- La basura apareció hace unos diez mil años, cuando los seres humanos dejaron de ser nómadas y formaron poblados.
- Los primeros vertederos aparecieron en la antigua Grecia hace ¡más de dos mil quinientos años!
- En la actualidad, el reciclado de papel permite ahorrar un 60 % de energía y casi un 90 % de agua.
- En las plantas de tratamiento de residuos se utilizan muchas técnicas de separación, como la filtración, los imanes y el cribado.

¿Cómo separarías latas de aluminio de trozos de plástico?

¡Echando chispas!

Nuestros ojos, nuestro corazón o nuestros músculos funcionan gracias a un tipo de energía eléctrica, llamada *bioelectricidad*, que se genera dentro de nuestro cuerpo.

Incluso se puede decir que las células de nuestro cerebro se comunican unas con otras a través de señales eléctricas. ¡Y lo mejor es que ni siquiera necesitamos estar enchufados!

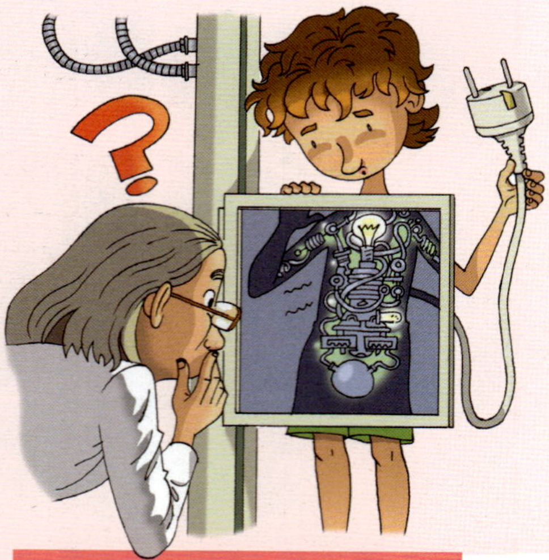

¿Qué es la electricidad?

Animales que vuelan a casa solos

Muchos animales, como las palomas mensajeras, aprovechan que la Tierra se comporta como un gigantesco imán. En el cerebro de estas palomas hay pequeñas sustancias magnéticas que actúan como una brújula. Gracias a este sistema, las palomas pueden orientarse en desplazamientos largos y cuando las condiciones de visibilidad son escasas.

¿Por qué decimos que la Tierra se comporta como un gigantesco imán?

Un metal muy interesante

Las aleaciones son mezclas de metales. El resultado de estas mezclas es otro metal cuyos componentes no se distinguen a simple vista. El bronce es una aleación de cobre muy resistente que se utiliza, por ejemplo, para fabricar piezas de maquinaria. Fue la primera aleación importante utilizada por el ser humano. Le dio nombre a un período de la prehistoria: la Edad del Bronce. Durante mucho tiempo, se usó para fabricar utensilios de todo tipo.

¿El bronce es una mezcla homogénea o heterogénea?

Devoradores de energía

En la actualidad, nuestra sociedad es insaciable. Demanda cada vez más energía, sin tener en cuenta las consecuencias que esto conlleva.

Estamos acabando con las reservas de combustibles fósiles, cuyo consumo, además de contaminar, eleva peligrosamente la temperatura del planeta. Esto ha provocado que los hielos del Polo Norte y del Polo Sur se estén fundiendo. Los seres que viven en estas zonas pueden acabar desapareciendo.

¿La fusión del hielo de los polos es un cambio físico o químico?

¿Un tren como una alfombra mágica?

Sí, existe. Se trata de un tren que utiliza un sistema que aprovecha el magnetismo.
Los vagones y los carriles son electroimanes cuyo polo es del mismo tipo. De este modo, los polos se repelen y el tren queda suspendido sobre los raíles. Esto le permite circular, suave y silenciosamente, ¡hasta a 600 km por hora!

¿Qué aplicaciones del electromagnetismo conoces?

LOCOS POR LA CIENCIA

MARIE CURIE ... y la radiactividad

Marie Skłodowska nació en Varsovia, capital de Polonia, en 1867. Su padre era profesor de Física cuando el Imperio ruso invadió el país.

No pudo ir a la universidad por ser mujer, aunque de forma un tanto clandestina pudo cursar estudios junto a su hermana Bronia.

Las dos hermanas llegaron a un acuerdo muy original. Durante dos años, Marie trabajaría de institutriz para que Bronia pudiera irse a estudiar a París. Y, después, sería Bronia la que ayudase a Marie.

Al fin, en 1891, Marie se va a París. Durante el día, estudiaba Física en la universidad y, por la noche, daba clases. Pasó hambre y miserias pero, aun así, consiguió ser la primera de su promoción.

En Francia conoció al físico Pierre Curie, otro apasionado por la ciencia. Al poco tiempo contrajeron matrimonio, y se fueron de luna de miel en bicicleta por la campiña francesa.

Pierre se sumó a la investigación de Marie y ambos descubrieron dos nuevos elementos químicos: el polonio, cuyo nombre hace honor a su patria, y el radio.

1. ¿Por qué le concedieron a Marie los premios Nobel? ¿Por qué no se los querían dar?

2. Su hija mayor, Irène, también obtuvo un Premio Nobel. Busca información, e investiga en qué área y por qué se lo concedieron.

3. Las sustancias radiactivas...

   A. ... pueden atacar a los tumores cancerígenos.

   B. ... pueden producir cáncer.

   C. ... las dos opciones anteriores son correctas.

SERVET ... y la circulación pulmonar

Miguel Servet fue un teólogo y científico español del siglo XVI. Empezó estudiando Letras, y ya era mayorcito cuando decidió estudiar Medicina. Su familia era conocida por el sobrenombre "Revés". ¿Le influiría ese sobrenombre en su vida? Veamos...

En sus estudios, Servet observó que la sangre presentaba dos colores: la que llegaba a los pulmones procedente del corazón era de color rojo oscuro, y la que salía de los pulmones hacia el corazón era de color rojo vivo.

Además, al diseccionar el corazón observó que, en contra de lo que se creía en aquella época, la parte izquierda y la derecha estaban separadas por un tabique y no se comunicaban.

Así descubrió que había una circulación menor o pulmonar, que llevaba la sangre desde el corazón a los pulmones y de estos al corazón. Esta sangre "purificada" (con oxígeno), de color rojo vivo, era impulsada desde el corazón al resto del cuerpo mediante la circulación mayor o general.

A la vez que ejercía de médico de un arzobispo, escribió un libro de teología que, tiempo después, le trajo muchos problemas. En él, aparecían los dibujos de sus descubrimientos acerca de la circulación de la sangre.

Más tarde, corrigió y criticó un libro de Calvino, un conocido religioso protestante, cuyas ideas se oponían a las de la Iglesia católica de Roma. A pesar de que Servet también era protestante, a Calvino no le sentaron bien las críticas.

Al final, Miguel Servet fue apresado, juzgado y sentenciado a muerte por los partidarios de Calvino. Su libro de teología, *Christianismi Restitutio*, en el que mantenía unas opiniones tan distintas a las de la época, junto con las críticas a Calvino fueron la causa de su condena.

Analizamos... EL AIRE ESPIRADO

Disolvemos una cucharada de cal en agua y filtramos la mezcla para quitar los posos y que el líquido quede claro.

Con el aire normal inyectado por la bomba de la bicicleta, el agua con cal no cambia.

Con el aire espirado, la mezcla se enturbia, pues reacciona con el dióxido de carbono que expulsan los pulmones.

1. ¿De dónde procede el dióxido de carbono que expulsamos al respirar y que enturbia el agua con cal del experimento? Piensa y relaciónalo con la doble circulación de la sangre que descubrió Miguel Servet.

2. Fíjate en la última viñeta de la página anterior. Copia y completa en tu cuaderno el dibujo realizado por Miguel Servet poniendo flechas que indiquen el sentido de la circulación sanguínea.

SEMMELWEIS ... el salvador de las madres

Ignác Semmelweis nació en Budapest, Hungría, en 1818. Fue a la escuela y, después, a la universidad.

Su padre era tendero y quería que su hijo estudiara Derecho, pero Semmelweis prefirió irse a Viena, la capital de Austria, a estudiar Medicina.

Empezó a trabajar como ayudante en la sección de maternidad de un reconocido hospital y se dio cuenta de que, tras el parto, muchas mujeres tenían fiebre muy alta y fallecían.

Se puso a estudiar los registros de los nacimientos y las muertes de madres tras el parto, y se dio cuenta de que el número de mujeres fallecidas en la sala atendida por estudiantes de medicina triplicaba al de las atendidas por comadronas.

Semmelweis observó que, en las clases, los estudiantes realizaban autopsias de cadáveres y a continuación ayudaban a atender los partos. Pensó que la suciedad en las manos de los estudiantes podía ser la causa de esta mayor mortalidad.

A la vuelta de un viaje por Europa, Semmelweis se enteró de que un médico se había cortado durante una autopsia y que, unos días después, había muerto con los mismos síntomas que presentaban las mujeres fallecidas tras el parto.

Cuando regresó al hospital, tuvo una idea: obligó a los estudiantes a lavarse las manos después de las autopsias; de este modo, logró reducir enormemente la mortalidad de las mujeres. Pero los otros médicos despreciaron su investigación y, cuando contaba con solo treinta años de edad, Semmelweis fue despedido.

Semmelweis abandonó el hospital de Viena. Volvió a Budapest y murió a los cuarenta y siete años en la pobreza. Más tarde se reconoció su labor y se erigió un monumento en su honor.

Quince años después de la muerte de Semmelweis, Louis Pasteur descubrió que la causante de las muertes era una bacteria: el estreptococo. Demostró así que Semmelweis tenía razón. A partir de entonces, los médicos comenzaron a emplear la limpieza y la desinfección como medidas de prevención.

1 Esta gráfica representa el número de mujeres fallecidas por cada cien partos en el hospital de Viena, en las diferentes salas en las que eran atendidas. Copia y completa la tabla en tu cuaderno, e indica quién atendía cada sala.

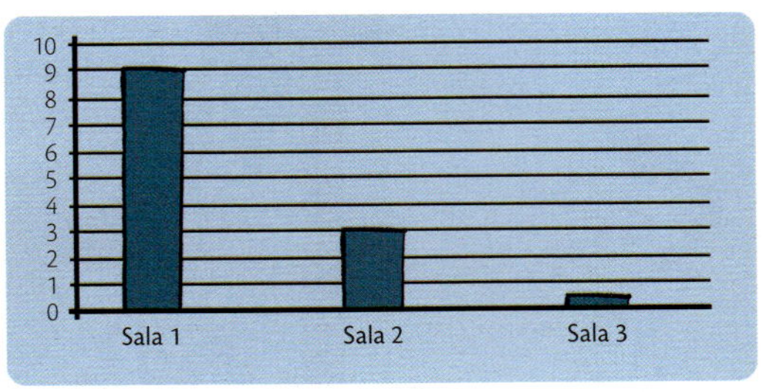

	Número de la sala
Sala atendida por comadronas	◆◆◆
Sala del Dr. Klein	◆◆◆
Sala del Dr. Semmelweis (tras lavarse las manos)	◆◆◆

2 ¿Por qué crees que hay que hervir los biberones y otros utensilios de los bebés?

GABRIELA MORREALE ... y la prueba del talón

Alertó a las autoridades sanitarias sobre las consecuencias que conllevaba la falta de yodo. Consiguió así que se agregara yodo a la sal de mesa para intentar combatir ese problema.

A finales de los años setenta, sus investigaciones se centraron en detectar problemas de tiroides en las mujeres embarazadas y en los niños recién nacidos.

Su mayor aportación fue la llamada *prueba del talón*. Mediante ella, se puede detectar el mal funcionamiento de la tiroides en los recién nacidos y abordar el problema a tiempo.

Gracias a Morreale y su prueba del talón se pueden detectar y prevenir ciertas enfermedades que provocan graves problemas en el desarrollo físico y mental de los bebés.

*Pertenece al Consejo Superior de Investigaciones Científicas (CSIC)

1. Señala las afirmaciones correctas y corrige las incorrectas:
   - **a.** Cuanto menos yodo tomemos, más sanos estaremos.
   - **b.** Durante el embarazo se necesita más cantidad de yodo.
   - **c.** La falta de yodo no produce ningún problema de salud.
   - **d.** El bocio es una inflamación de la tiroides.
2. Investiga si el bocio era habitual en la zona en la que vives cuando tus abuelos eran jóvenes. ¿A qué crees que era debido?
3. Fíjate en el paquete de sal de la cocina de tu casa. ¿Está yodada? Explica por qué es importante tomar sal yodada.
4. Busca tu prueba del talón. ¿Por qué es tan importante esta prueba?

LAVOISIER … y la pasión por la investigación

Antoine-Laurent de Lavoisier nació en París en 1743. Estudió ciencias, su verdadera pasión, pero también Derecho, la obsesión de su padre.

A los veintiocho años se casó con la joven Marie Paulze. Esta se interesó mucho por la ciencia y le ayudaba en sus numerosas investigaciones.

Lavoisier descubrió que existe un "aire vital" que provoca la combustión; al cual denominó *oxígeno*. Detectó también otro aire que no reaccionaba, y le puso el nombre de *nitrógeno*.

Además, midiendo con mucha precisión las masas en las reacciones, enunció su famosa ley: "En toda reacción química, la masa se conserva".

Lavoisier hizo sus investigaciones también sobre la fermentación y la respiración, y demostró que el aire que expulsamos de los pulmones es el mismo que se desprende al quemar carbón. En la actualidad sabemos que ese aire es un gas: el dióxido de carbono.

Comprobamos... LA LEY DE CONSERVACIÓN DE LA MASA

Realiza, con una mezcla de vinagre y bicarbonato, un montaje como el que se muestra en la ilustración. Pesa el recipiente antes y después de que ocurra la reacción química.

¿Qué ha sucedido? El vinagre reacciona con el bicarbonato y se forman nuevas sustancias, entre ellas, un gas: el dióxido de carbono, que hincha el globo.

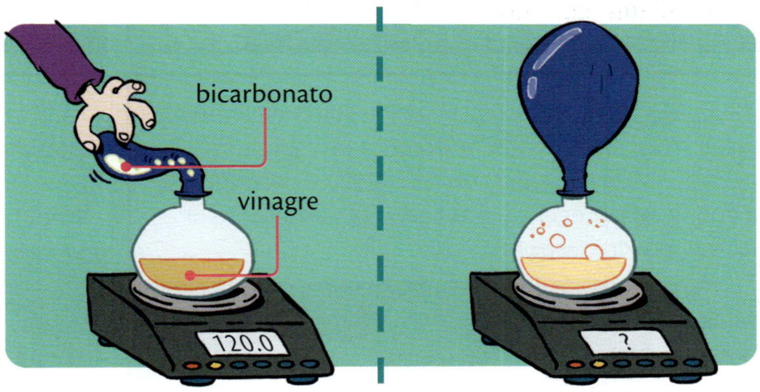

1. En el experimento, ¿qué ocurrirá con la masa durante la reacción?
   - **A.** Aumentará porque se hincha el globo.
   - **B.** La masa total permanecerá constante.
   - **C.** Disminuirá porque los gases pesan poco.

2. Cuando un tronco arde, las cenizas que resultan de su combustión pesan menos que lo que pesaba el tronco. Si en una reacción química la masa se conserva, ¿dónde está la materia que se ha perdido?

3. ¿Se pueden deducir de los experimentos de Lavoisier las siguientes conclusiones? Escribe en tu cuaderno SÍ o NO según corresponda.

	SÍ / NO
El aire es el oxígeno.	◆◆◆
La masa en las reacciones químicas se conserva.	◆◆◆
La combustión y la respiración son dos formas de oxidación, pues ambas necesitan el oxígeno.	◆◆◆

FARADAY ... y el electromagnetismo

Michael Faraday nació en Londres, en 1791. A los trece años tuvo que dejar la escuela y ponerse a trabajar como aprendiz de encuadernador. A la vez que encuadernaba los libros, aprovechaba para leerlos. Los que más le gustaban eran los que trataban sobre ciencia.

A los veinte años acudió a unas charlas que impartía Humphry Davy, un gran químico de la Royal Institution. Le gustaron tanto que tomó notas de todo y se las envió a Davy quien, impresionado, lo contrató como ayudante de laboratorio.

En 1800, Alessandro Volta había conseguido crear una pila eléctrica. Faraday profundizó en la investigación y construyó la suya propia con monedas. A partir de esta consiguió obtener nuevas sustancias mediante un proceso llamado *electrolisis*.

Más tarde, en 1826, tuvo una brillante idea: dar charlas a niños durante la Navidad. En ellas mostraba a los niños divertidos experimentos para que adquiriesen interés por la ciencia.

Observamos… QUE UN DESCUBRIMIENTO INSPIRA LOS SIGUIENTES

El italiano Volta construyó la primera pila eléctrica con discos de distintos metales, un paño húmedo y alambre.

Gracias a la pila de Volta, el danés Oersted descubrió que la corriente eléctrica mueve la aguja de la brújula.

Gracias al experimento de Oersted, el inglés Faraday logró generar electricidad moviendo imanes.

1. Michael Faraday, mediante la descomposición de un mineral y el proceso de la electrolisis, obtuvo magnesio. Este proceso es…
   - **A.** … un cambio físico, porque para producirse utiliza la electricidad.
   - **B.** … un cambio físico, porque para producirse necesita agua.
   - **C.** … un cambio químico, porque origina sustancias nuevas.

2. Casi todas las centrales eléctricas actuales tienen un generador como el de Faraday, pero mucho más grande. ¿De dónde obtienen la energía para hacer girar las turbinas? Copia las columnas en tu cuaderno y relaciónalas.

Central térmica •	• Viento
Central nuclear •	• Carbón o gas
Central eólica •	• Uranio
Central hidroeléctrica •	• Agua

El libro **Ciencias de la Naturaleza para 6.º de Primaria** forma parte del Proyecto Editorial de Educación Primaria de SM. En su realización ha participado el siguiente equipo:

Autoría
Montserrat González, Antonio José Hidalgo, Alberto Navarro, Alberto Peña, Isabel Pueyo, Alicia Soria (tarea final) y Equipo Editorial SM, Manuel Mesegar (comprensión lectora)

Edición
Mireia Casaus, Óscar Cambra, Alicia Mas, Marina Otero, Manuel Reyes, Ángel Rubio, Fernando Sáez y Esther Sánchez

Asesoría en compresión lectora
Pilar Pérez Esteve

Asesoría pedagógica y científica
José G. López de Guereñu

Corrección
José María Carmona y Alejandro Feijóo

Ilustración
Jesús Aguado Gutiérrez; Fran Collado, Luis Doyague, Nicolás Fernández Prímola; Juan Palomino (cubierta); Marina Pérez Luque, Juan Antonio Rocafort Huerta, Jordi Viladoms
Beatriz Iglesias Ortiz; Suri; Ángel Ovejero Sánchez; Guillermo Berdugo Garvía; Jorge Galán Liquete; Escletxa; Pere Lluís; León Celma; El Bello Quebrado / Pelorroto; Gema García Ingelmo; Alberto Pieruz Quintana; Luján Fernández; Alya Mark; Xavier Salomó; Benoit Knox; Science Photo Library; Leire Salaberria; Marta Biel Tres; Natividad Rodríguez Gutiérrez; Jordi Villaverde Alomar; Daniel Alonso Rivero; Susanna Campillo Besses; Javier Vázquez Martínez de Pinillos; Pablo Jurado; Luis Mosquera Arancibia; Ricard Zaplana Ruiz; Arianeta; Diego Pérez; Ariel Alejandro Gómez; Diego Burdío Román; Archivo SM

Fotografía
Juan Baraja; Juan Baraja / Archivo SM; barres; Thinkstock; 123RF; Shutterstock; iStock; Getty Images; Age Fotostock; Archivo SM

Edición gráfica
Sergio Cuesta y Verónica Matilla

Diseño de cubierta e interiores
Estudio SM

Coordinación editorial de Ciencias
Laura Pérez

Coordinación transversal del proyecto
Nuria Corredera, Mara Mañas y Nuria Vallina

Dirección de Arte del proyecto
Mario Dequel y Antonio de Pedro

Dirección editorial
Aída Moya

Todas las actividades contenidas en este libro han de ser realizadas en un cuaderno aparte, nunca en el propio libro.
Los espacios incluidos son meramente indicativos y su finalidad es puramente didáctica.

Igualdad de género
En SM utilizamos el masculino genérico, según las directrices académicas establecidas, para evitar textos excesivamente artificiosos y difíciles de entender. Con el fin de agilizar la lectura, utilizamos nombres de género común, y recurrimos a la duplicidad masculino/femenino cuando pueda producirse ambigüedad en el mensaje. En este último caso, equilibramos el uso de ambos géneros y evitamos estereotipos.

Así mismo, siguiendo la orientación de Ana López-Navajas, experta en igualdad de género, en Más Savia damos visibilidad a las mujeres desde diferentes perspectivas: ofrecemos una imagen ajustada y equitativa de todas las áreas del saber para construir un recorrido histórico sin sesgo de género, ofreciendo modelos históricos y culturales femeninos para transmitir una cultura participada por ambos sexos; identificamos el papel, impulsor de progreso social, que han tenido las mujeres anónimas en la intrahistoria; y ofrecemos referentes profesionales y experiencias vitales que rompen con una visión limitada de las vocaciones, aficiones y sensibilidades al no asociarlas con un género concreto.

Gestión de las direcciones electrónicas
Debido a la naturaleza dinámica de Internet, SM no puede responsabilizarse de los cambios o las modificaciones en las direcciones y los contenidos de los sitios web a los que remite en este libro.

Con el objeto de garantizar la adecuación de las direcciones electrónicas de esta publicación, SM emplea un sistema de gestión que redirecciona las URL que con fines educativos aparecen en la misma hacia diversas páginas web; entre otras de uso frecuente: http://es.wikipedia.org, www.youtube.es. SM declina cualquier responsabilidad por los contenidos o la información que pudieran albergar, sin perjuicio de adoptar de forma inmediata las medidas necesarias para evitar el acceso desde las URL de esta publicación a dichas páginas web en cuanto tenga constancia de que pudieran alojar contenidos ilícitos o inapropiados. Para garantizar este sistema de control es recomendable que el profesorado compruebe con antelación las direcciones relacionadas y que comunique a la editorial cualquier incidencia a través del correo electrónico ediciones@grupo-sm.com.

ISBN: 978-84-9182-287-5
Depósito legal: M-4471-2019
Impreso en la UE / *Printed in EU*